Juliaによる
数理最適化

博士（理学）　小林　和博【著】

コロナ社

まえがき

本書は，プログラミング言語 Julia を用いて数理最適化問題を解く方法を扱うものである。Julia は科学技術計算で求められる高い計算パフォーマンスと，手軽なプロトタイプ作成環境の両方を実現する言語である。

「数理最適化問題を解く」といっても，本書は問題を解くアルゴリズム，例えば線形最適化問題を解く単体法自体をプログラムとして実現する方法を扱っているのではない。このようなアルゴリズムは既存のパッケージに全面的に頼っている。本書で扱っているのは，解きたい応用上の問題の答えを，これらの既存のパッケージを用いて得る方法である。数理最適化自体の研究ではなく，数理最適化の研究成果を利用して実際の目の前の問題を解くことに興味がある読者を想定している。例えば，新しく読んだ論文に書かれた数理最適化モデルの数値実験を，ささっと目の前のコンピューターで再現できるようになることを想定している。

用いるのは，四則演算と大小比較がほとんどである。行列の記号が出てくるが，本文を読めばわかる通り，実際に行っている演算は積と和である。読者の好みによって線形代数の教科書があれば参考になるかもしれないが，それすら必要ないと思われる。企業で数理最適化を実践されている方々，異動でこれから数理最適化に取り組む必要のある方々，オペレーションズ・リサーチを専門とする学部生・大学院生の方々には便利に使っていただけるはずである。また，意欲的な小中高生にもぜひ読んでいただきたい。ここに書かれていることが自分で実行できるようになれば，数理最適化とオペレーションズ・リサーチの最新の研究の入り口に立ったといえる。その後は，ぜひこの分野の研究者とコンタクトをとり，最新の研究にチャレンジしてみてほしい。

あまり知られてはいないが，数理最適化は，これまでも，そしてこれからも，理工学の基盤を支える大変重要な分野である。最近では機械学習や量子情報理論の基盤技術となっているが，今後も将来にわたってまだ見ないさまざまな分野の基盤となることは確実である。

いまのわれわれが（超）大規模な数理最適化問題を解くことができるのは，高性能なアルゴリズムと，それを実現するソフトウェアが存在するおかげである。数理最適化のユーザーであるわれわれは，このことを決して忘れてはならない。数万の変数，数万の不等式を難なく扱える線形最適化パッケージがなければ，われわれはそもそも実務規模の線形最適化問題は解けない。このような高い性能は，間違いなく数学的な基礎研究・理論研究に基づいている。その意味で筆者は，数理最適化理論の研究者と，その成果をソフトウェアとして実装し，公開している研究者の方々に最大限の敬意を抱いている。これらの方々が，鋭敏な洞察と緻密さで理論を整備し，ソフトウェアの開発・検証をしてくださるおかげで，われわれユーザーは実務規模の数理最適化問題を解くことができる。

プログラミング言語やそのパッケージの使い方を身につけるには，公式ドキュメントにあたることが最も近道であると考えられる。それは，言語やパッケージの開発者は，それらの特徴を最大限に理解してもらえるようにドキュメントを作成しているからである。したがって，本書の執筆においても Julia とその数理最適化パッケージ JuMP の公式ドキュメントを頻繁に参照し，それらに示されている例を各所で用いた。公式ドキュメントを読み解く以外の王道的な方法は，新しい言語では特に見つかりにくいが，数理最適化に関しては本書がその 1 つになることを期待している。

2023 年 2 月

小林　和博

目　　次

1章　Juliaの利用環境の構築

2章　Juliaの基礎知識

3章　数理最適化の概要

4章　線形最適化問題

5章　グラフ最適化問題

6章　整数最適化問題

7章　2次最適化問題

8章　2次錐最適化問題

9章　半正定値最適化問題

1章 Juliaの利用環境の構築

科学技術計算においては，コンピューターを用いた計算の際に高いパフォーマンスが必要である。一方で，計算方法のプロトタイプをすばやく作成し，気になった計算をできるだけ手間を少なく実行できることも望ましい。手軽に計算を行うために動的言語が用いられることも多いが，これは高いパフォーマンスを犠牲にすることになると考えられてきた。比較的新しい言語であるJuliaは，これまで相反する性質をもつと考えられてきた高いパフォーマンスと手軽なプログラミング環境の両方の実現を目指して作られている[1)†]。

本章では，Juliaをコンピューターで用いるための環境を構築する方法について述べる。2022年8月時点での情報であり，時間が経つと変更になる可能性が大きい。その場合は，公式ページ https://julialang.org（2022年8月現在）から最新の情報を参照してほしい。

1.1 Juliaのインストール

Juliaコンパイラは，PythonやRなどで用いられているインタープリターとは異なる。Juliaの特徴をよく把握してうまくプログラミングを行えば，C言語に匹敵する性能を得ることができるとされている。

Juliaの実行環境は，公式サイトである https://julialang.org の情報を参照すると整えることができる。

Juliaをダウンロードするには，公式サイトの“Download”のページ（図**1.1**，https://julialang.org/downloads/）で，自分のオペレーティングシステムに

† 肩付数字は，巻末の引用・参考文献番号を示す。

julia　Download　Documentation　Learn　Blog　Community　Research　JSoC　♥ Sponsor

Download Julia

Star 40,162

Please star us on GitHub. If you use Julia in your research, please cite us. If possible, do consider sponsoring us.

Current stable release: v1.8.0 (August 17, 2022)

Checksums for this release are available in both MD5 and SHA256 formats.

Windows [help]	64-bit (installer), 64-bit (portable)	32-bit (installer), 32-bit (portable)	
macOS x86 (Intel or Rosetta) [help]	64-bit (.dmg), 64-bit (.tar.gz)		
macOS ARM (M-series Processor) [help]	64-bit		
Generic Linux on x86 [help]	64-bit (glibc) (GPG), 64-bit (musl)[1] (GPG)	32-bit (GPG)	
Generic Linux on ARM [help]	64-bit (AArch64) (GPG)		
Generic FreeBSD on x86 [help]	64-bit (GPG)		
Source	Tarball (GPG)	Tarball with dependencies (GPG)	GitHub

Almost everyone should be downloading and using the latest stable release of Julia. Great care is taken not to break compatibility with older Julia versions, so older code should continue to work with the latest stable Julia release. You should *only* be using the long-term support (LTS) version of Julia if you work at an organization where implementing or certifying upgrades is prohibitively expensive and there is no need for new language features or packages. See this description of "Risk Personas" for more detail on who should be using what versions of Julia based on their risk tolerance. See this blog post on Julia's Release Process for more information on different kinds of releases.

Long-term support (LTS) release: v1.6.7 (July 19, 2022)

Checksums for this release are available in both, MD5 and SHA256 formats.

Windows [help]	64-bit (installer), 64-bit (portable)	32-bit (installer), 32-bit (portable)
macOS [help]	64-bit	
Generic Linux on x86 [help]	64-bit (GPG), 64-bit (musl)[1] (GPG)	32-bit (GPG)

図 **1.1**　Julia 公式ページの Download の画面

あったインストーラー，または実行イメージを取得する。特に理由がなければ，“Current stable release” をインストールするとよい。2022 年 8 月時点では

（1）　Windows

（2）　macOS x86(Intel or Rosetta)

（3）　macOS ARM(M-series Processor)

（4）　Generic Linux on x86

（5）　Generic Linux on ARM

（6）　Generic FreeBSD on x86

で利用可能である。ソースコードも公開されている。

各 OS での具体的なインストール方法は，“Platform Specific Instructions for Official Binaries” に書かれている。これは，各 OS の右側に示された “help” をクリックすると表示される。例えば，“Windows [help]” と書かれた部分の

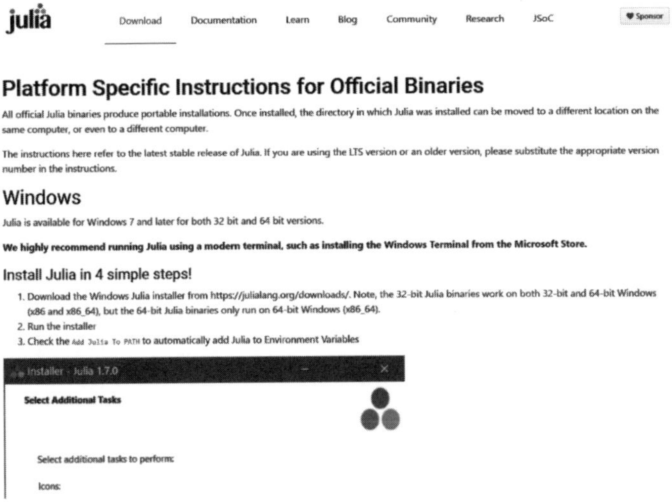

図 **1.2**　インストールの手順が書かれたページ

“help” の文字列をクリックすると表示される（図 **1.2**）。インストール手順のページには，Windows ではモダンな**ターミナル**上で Julia を実行することが勧められている。ここでは，例として挙げられている Windows Terminal をインストールして用いる。例えば，Windows であればつぎの手順に従う。

(1)　https://julialang.org/downloads/ からインストーラーをダウンロードする。

(2)　インストーラーを実行する。

(3)　インストール時に “Add Julia to PATH” にチェックを入れ，**環境変数** PATH に Julia を追加する（図 **1.3**）。

インストーラーが終了したら，Julia のインストールが完了である。

Julia を使うには，まず Windows の検索ボックスからターミナルを検索して起動する（図 **1.4**）。ただし，“`>`” の前の `JuliaOpt` という文字は環境によって異なる。この画面で，`julia` と入力してエンターキーを押すと，Julia を**対話型**で実行する環境が起動する（図 **1.5**）。Julia のプロンプト

```
julia>
```

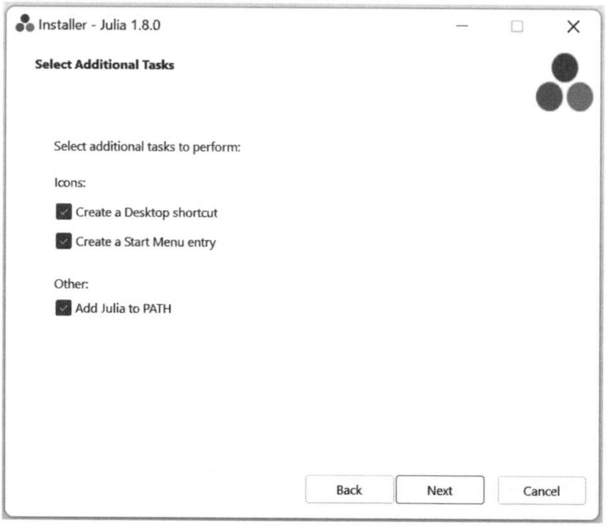

図 **1.3**　“Add Julia to PATH” にチェックを入れる

図 **1.4**　ターミナルを起動した状態

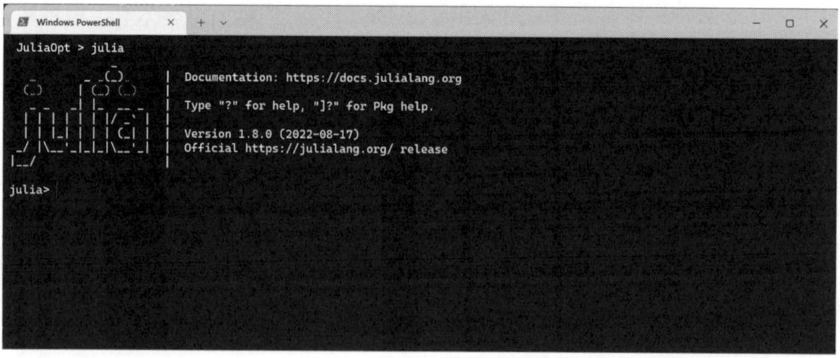

図 **1.5**　ターミナルで Juila の対話型環境を起動した状態

と書かれた“>”の右側に命令を書いてエンターキーを押すことで，プログラムを実行することができる。例えば，1+1 の計算をしたり，変数 a と b に代入した値の積を求めるには，つぎのようにする。

対話型実行環境

```
julia> 1 + 1
2

julia> a = 2
2

julia> b = 3
3

julia> a + b
5
```

mac OS に対しては，dmg ファイルが提供されている。これには Julia-1.8.app のようなファイル（バージョンによって異なる）が含まれているので，通常のインストール手順としてこれをアプリケーションフォルダに移動すればよい。

対話型ではない方法で Julia を実行するには，実行したいプログラムを書いたファイルを“.jl”という拡張子で保存する。そして，ターミナルでファイル名を指定して実行する。ここでは例として，first.jl というファイルにプログラムを書いて保存する。このプログラムを実行するには

```
$ julia first.jl
```

と入力してエンターキーを押せばよい。

Windows でファイルを作成するには，“ターミナル”の画面で，“notepad first.jl”と入力してエンターキーを押す。そのようにすると，“メモ帳”アプリが起動し，first.jl ファイルが編集できる状態になる（図 **1.6**）。ここでは図に示した命令を 3 行入力し，保存することにする。これを実行するには，ターミナルで“julia first.jl”と入力してエンターキーを押す（図 **1.7**）。

mac OS であれば，Spotlight 検索で“ターミナル”と入力し，ヒットしたアプリ“ターミナル”を起動させる。立ち上がった画面で，“open .”と入力する

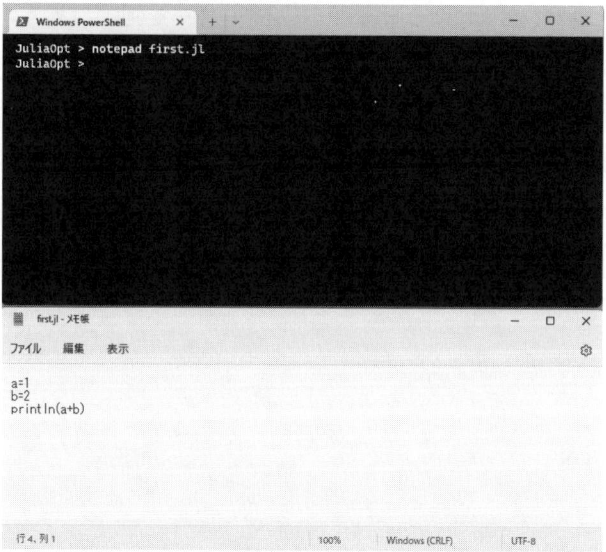

図 1.6　メモ帳の起動と `first.jl` ファイルの編集

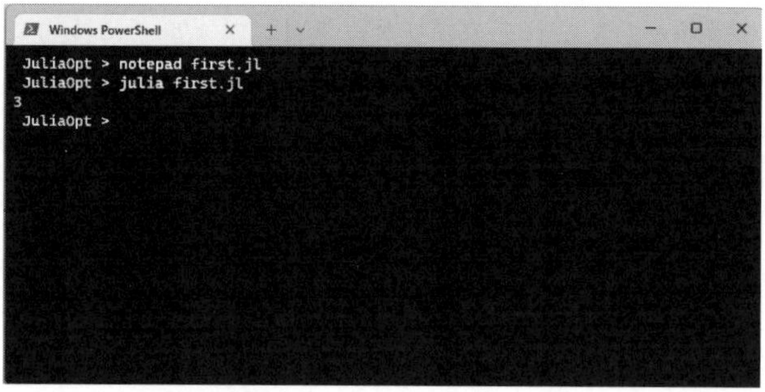

図 1.7　`first.jl` ファイルの実行

と Finder のウインドウが立ち上がるので，そのフォルダ内に好きなテキストエディターを用いて `first.jl` ファイルを作成して保存する。保存したら，ターミナルの画面で “`julia first.jl`” と入力してエンターキーを押すと，`first.jl` ファイルを実行できる。Finder を経由するのが面倒であれば，ターミナルの画面で直接テキストエディターを起動させればよい。筆者は，vim[†]を常用して

† https://www.vim.org（2022 年 8 月現在）

いる。

Linux ユーザーの読者は，ターミナルの使い方には慣れていると思われるので具体的な方法は述べない。作業をするディレクトリに移動し，そこでファイルを作成して，プロンプトから

```
$ julia first.jl
```

を実行すればよい。対話型環境を用いる場合は，プロンプトで

```
$ julia
```

と入力すればよい。

また，対話型環境においてファイルに保存したプログラムを実行することもできる。これには，対話型環境のプロンプトで

```
julia> include("first.jl")
```

を実行すればよい（図 **1.8**）。対話型環境で `include("first.jl")` を実行した場合，`first.jl` 内で定義した変数などはそのまま対話型環境で引き続き参照することができる。例えば，`first.jl` 内では変数 `a` を 1 として定義しているが，この変数は対話型環境でその後そのまま利用することができる。図では `include()` を実行した後に `a` を参照する例を示しているが，確かに `1` と表示されている。

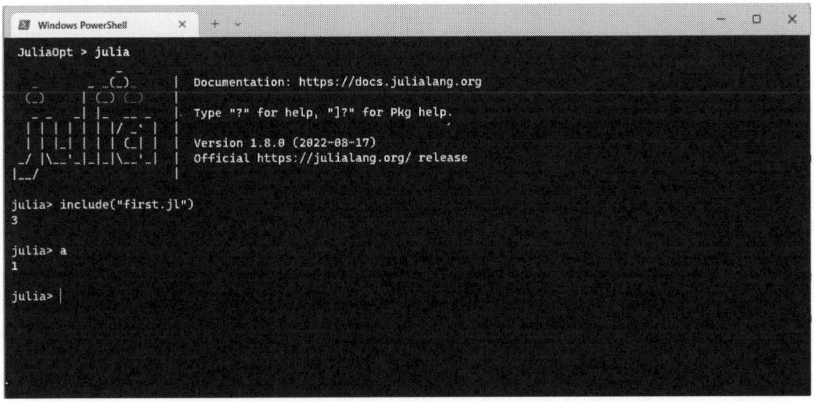

図 1.8　対話型環境でのプログラムファイルの実行

本書では，プログラムを示す際にいくつか異なる方法をとっている。プログラム例で，`julia>` で始まっているものは，対話型環境で実行することを想定している。比較的短いプログラムで，動作の確認のために用いているので，画面に表示される実行例もあわせて示している。**プログラム 1-1** は，この例である。

プログラム **1-1**（対話型環境での実行例）

```
julia> [2.0, 3.0, 4.0]
3-element Vector{Float64}:
 2.0
 3.0
 4.0
```

これは，対話型環境で1行目の命令 `[2.0, 3.0, 4.0]` を実行すると

```
3-element Vector{Float64}:
 2.0
 3.0
 4.0
```

という結果が画面に表示されることを示している。

また，プログラム番号がついておらず，四隅の丸い四角で囲ったプログラムは，説明のために示したものであり，そこに書かれたプログラム単体で動作するとは限らない。例えば，`for` 文の反復条件の説明のために

反復条件

```
for i in 1:5
```

という例を示した箇所があるが，この1行ではプログラムとしては不完全で，そのまま実行することはできない。

また，**プログラム** ○-○などと太字で番号のついた四角で示されたプログラム例のうち，`julia>` で始まっていないものは，ファイルに保存して実行することを想定している。このときも，各行の先頭の数字は説明のための行番号であるので，実際のプログラムファイルには記述しない。プログラム 4-1 がその例である。

Juliaはこの他に，JupyterLab[†1]やVisual Studio Code[†2]上で実行することもできる。導入方法はやや複雑なため，ここでは述べないが，うまく利用すればデバッグ，コード補完，動作確認を効率的に行うことができるので，興味のある読者は試してほしい。ちなみに筆者は，状況に応じてJupyterLabでの開発，Visual Studio Code上での開発も併用している。

1.2 Juliaでのパッケージ管理

プログラミング言語としてのJuliaは，浮動小数点型，整数型，文字列型などのデータ型，関数や反復処理などの計算に便利な仕組みなどを与えるものである。これらの機能によって無数の計算処理を実行することができるが，かといって，各ユーザーがすべての処理を1からプログラミングするのは手間が掛かる。そこで，パッケージをうまく活用することが有用である。

パッケージは，頻繁に用いる計算処理をあらかじめプログラムとして作成しておき，それらを後で利用できるようにまとめておいたものである。Juliaではさまざまなパッケージを利用することができる。本書では，おもにつぎのパッケージを利用する。

(1) 数理最適化パッケージ：`JuMP`

(2) CSVファイル用パッケージ：`CSV`

(3) データフレーム用パッケージ：`DataFrames`

(4) プロット用パッケージ：`Plots`

(5) グラフ用パッケージ：`Graphs`

Juliaでの**パッケージ管理**には，`Pkg`を用いる。`Pkg`を用いるには，Juliaの対話型実行環境で“`]`”を入力する。すると，プロンプトが`(@v1.8) pkg>`のように変わり，今度は`Pkg`の対話型実行環境が使える状態になる（図**1.9**）。このプロンプトからパッケージ管理のためのコマンドを実行することで，各種の操

†1 https://jupyter.org（2022年8月現在）
†2 https://code.visualstudio.com（2022年8月現在）

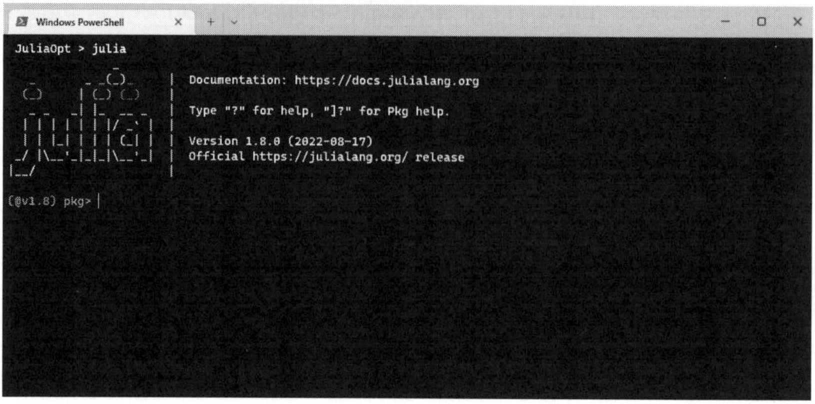

図 **1.9** Pkg を起動した状態

作ができる。例えば，パッケージ JuMP を追加するには

```
add JuMP
```

と入力してエンターキーを押す。すると，ダウンロードが自動で実行され，JuMP がインストールされる。

また，“]” を入力して Pkg の対話型実行環境を用いる以外に，Julia の対話型実行環境から Pkg のコマンドを直接実行することもできる。これには，Julia の対話型実行環境でつぎの命令を実行する。

```
julia> using Pkg
julia> Pkg.add("JuMP")
```

2 章以降での説明では，もっぱらこちらの方法を用いている。

1.3 モデラーとソルバー

コンピューターを用いて数理最適化問題を解くには

(1) ユーザーが解きたい問題をコンピューターに伝える。

(2) コンピューターが実際に計算を行ってその問題を解く。

(3) 計算で得られた結果をコンピューターがユーザーに伝える。

という手順が必要である。これらの手順のうち，(1) と (3) を実現するのが**モデラー**であり，(2) を実現するのが**ソルバー**である。モデラーのことは，モデリング言語，インターフェイスともいう。

コンピューターは数式を直接読むことはできないので，代わりになんらかの方法で問題を伝える必要がある。かといって，0 と 1 の列を直接書いて問題をコンピューターに伝えることは，(たいていの人間には) できない。そこで，人間が読める形で問題を入力し，それをコンピューターが理解できる形に変換する仕組みが必要である。モデラーはこの仕組みを実現するものである。本書で用いる数理最適化パッケージ JuMP は，このモデラーの機能をもっており，数式をほぼそのままの形で入力すれば，それをコンピューターが理解できる形に変換して伝えてくれる[2)]。例えば

$$
\begin{cases}
\text{最小化} : x_1 + 4x_2 + 9x_3 \\
\text{制約条件} : x_1 + x_2 \leqq 5 \\
\qquad x_1 + x_3 \geqq 10 \\
\qquad -x_2 + x_3 = 7 \\
\qquad x_1 \leqq 4 \\
\qquad x_2 \geqq -1 \\
\qquad x_3 \leqq 1
\end{cases}
$$

という線形最適化問題を JuMP を用いてコンピューターに伝えるには

JuMP を用いた線形最適化問題の記述例

```
model = Model(HiGHS.Optimizer);
@variable(model, x1 <=  4);
@variable(model, x2 >= -1);
@variable(model, x3 <=  1);
@objective(model, Min, x1 + 4x2 + 9x3);
@constraint(model,  x1 + x2 <=  5);
@constraint(model,  x1 + x3 >= 10);
@constraint(model, -x2 + x3 ==  7);
```

と書けばよい。特に数式の部分はほとんど見たままを書けばよいことがわかる。

JuMPをはじめ，現代のモデラーはこのようにわかりやすい記法を用いることができる。しかし，いつでもそうであったわけではない。かつておもに使われていた（そしていまでも使われている）MPSフォーマットを用いて同じ線形最適化問題を表すには，つぎのように書く。

MPSフォーマットの例

```
NAME          TESTPROB
ROWS
 N  COST
 L  LIM1
 G  LIM2
 E  MYEQN
COLUMNS
    XONE      COST         1   LIM1         1
    XONE      LIM2         1
    YTWO      COST         4   LIM1         1
    YTWO      MYEQN       -1
    ZTHREE    COST         9   LIM2         1
    ZTHREE    MYEQN        1
RHS
    RHS1      LIM1         5   LIM2        10
    RHS1      MYEQN        7
BOUNDS
 UP BND1      XONE         4
 LO BND1      YTWO        -1
 UP BND1      YTWO         1
ENDATA
```

書き方のルールはマニュアルを見ればわかる。筆者もこのような形式で問題を書いて数値実験をすることがある。慣れれば書くスピードも上がる。しかし，いま，初めて数理最適化に取り組もうとする人にどちらを勧めるかといえば，JuMPのようなモデラーを使うことである。なんといってもその気軽さは魅力的である。

さて，問題は表現しただけでは解けない。実際にその問題を解くためのアルゴリズムを実行しなければならない。その計算を実行するのが，ソルバーである。ソルバーは，モデラーから問題を受け取り，その問題を解くためのアルゴリズムを実行する。そのようにして得られた結果をモデラーに返す。モデラーは，ソルバーから受けとった結果を，ユーザーであるわれわれが読める形に変換して示す。

いったんモデラーで問題を記述しておけば，ソルバーを他のものに入れ替えることができる。例えば，2 つのソルバー A と B の性能を比較したいときは，解きたい問題をモデラーで記述しておき，最初にソルバー A を使う設定にして問題を解き，つぎにソルバー B を使う設定にして問題を解き，それらの性能を比較すればよい。このとき，問題の記述に変更の必要はない。

ソルバーは，モデラーで記述した問題が解けるものを指定しなければならない。例えば，モデラーで記述した問題が半正定値最適化問題であれば，半正定値最適化問題を解くアルゴリズムを備えたソルバーを指定しなければならない。本書では，線形最適化問題を解くソルバーとして **HiGHS** を，半正定値最適化問題を解くソルバーとして **SCS** を用いている。したがって，線形最適化問題を解く際にはソルバーとして `HiGHS` を指定しており，半正定値最適化問題を解く際には `SCS` を指定している。半正定値最適化問題を解く際に `HiGHS` を指定すると，半正定値最適化問題はサポートしていないことを示すエラーメッセージを出して異常終了する。一方で，線形最適化問題を解く際に `SCS` を指定すると，エラーは出さずに最適解を求めて正常終了する。これは，`SCS` が半正定値最適化問題も線形最適化問題も解くことができるからである。ソルバーを指定するときは，それがどのクラスの問題を解くことができるかをよく確認する必要がある。

では，できるだけ多くのクラスの問題に対応したソルバーを用いればよいかというと必ずしもそうではない。解ける問題のクラスを絞り込むことでそのクラスにのみ適用可能な効率化・高速化のテクニックを実現している場合が多いからである。ソルバーにはそれぞれ特徴があるので，特に大規模な問題や難しい問題を解く際には適したものを選択することが望ましい。

2章 Juliaの基礎知識

本章では，数理最適化問題でよく用いるものを中心に，Juliaのデータ構造，演算や文法について説明する。Juliaで行うことができる線形代数演算については，文献3)のWebサイトの “Additional material” から入手可能な “Julia language companion” が詳しい。

2.1 ベクトル

Juliaでは，ベクトルはVectorとして表される。これは，括弧[]の中に要素をカンマで区切って並べることで定められる。**プログラム 2-1** にその例を示す。

プログラム 2-1（ベクトルのVectorによる表現）

```
julia> [2.0, 3.0, 4.0]
3-element Vector{Float64}:
 2.0
 3.0
 4.0
```

このようにしてベクトルを定めると，3-element Vector{Float64}と表示される。これは，3つの要素をもつベクトルで，各要素がFloat64型であることを表している。定義したVectorに名前を与えて後で利用したい場合は，“=” を用いる。**プログラム 2-2** にその例を示す。

プログラム 2-2（ベクトルに名前xを与える）

```
julia> x = [2.0, 3.0, 4.0]
3-element Vector{Float64}:
 2.0
 3.0
 4.0
```

```
julia> x
3-element Vector{Float64}:
 2.0
 3.0
 4.0
```

このようにすると，x によってベクトルを再利用することができる。

整数を要素として指定すると，得られるベクトルは Int64 型を要素とするものになる。**プログラム 2-3** にその例を示す。

プログラム 2-3（整数を要素とするベクトルを定める）

```
julia> y = [2, 3, 4]
3-element Vector{Int64}:
 2
 3
 4
```

ベクトルの要素には，**添え字**を用いてアクセスできる。Julia では添え字は 1 から始まることに注意が必要である。C 言語や Python 言語では，配列やリストの添え字は 0 から始めることと対照的である。length() によってデータのサイズが得られるので，x[length(x)] により最後の要素が得られる。**プログラム 2-4** にその例を示す。

プログラム 2-4（添え字を用いた要素へのアクセス）

```
julia> x = [2.0, 3.0, 4.0]
3-element Vector{Float64}:
 2.0
 3.0
 4.0

julia> x[1]
 2.0

julia> x[length(x)]
 4.0
```

ベクトルの複数の要素にアクセスする方法に，**スライシング**がある。**プログラム 2-5** は，x[2:4] によってベクトル x の 2 番目から 4 番目の要素にアクセスする例である。

プログラム **2-5**（スライシングの例）

```
julia> x = [1, 2, 3, 4, 5]
5-element Vector{Int64}:
 1
 2
 3
 4
 5

julia> x[2:4]
3-element Vector{Int64}:
 2
 3
 4
```

ベクトルをコピーするときには注意が必要である。すでに定義されたベクトル x と同じ長さと同じ要素をもつもう 1 つのベクトル y を定めたいとき，よくある間違いとして，y = x とするものがある。y = x は，ベクトル x を y としてコピーするものではなく，ベクトル x にもう 1 つの別の名前 y をつける命令である。y = x とした場合，x の要素 x[1] を変更すると，y[1] で得られる値も変わる。**プログラム 2-6** にその例を示す。

プログラム **2-6**（x に別名 y をつける）

```
julia> x = [2, 3, 4, 5];

julia> y = x;

julia> y
4-element Vector{Int64}:
 2
 3
 4
 5

julia> x[1] = 10;

julia> y
4-element Vector{Int64}:
 10
  3
```

```
  4
  5

julia > y[1]
10
```

x とは別にコピーを作って，それに y という名前をつけたいときは，y = copy(x) を用いる。**プログラム 2-7** のように copy(x) を用いれば，x[1] の値を変更しても y[1] の値は変更されない。

プログラム 2-7（x をコピーして y を作る）

```
julia> x = [1, 2, 3, 4];
julia> y = copy(x)
4-element Vector{Int64}:
 1
 2
 3
 4
julia> x[1] = 10;

julia> y
4-element Vector{Int64}:
 1
 2
 3
 4

julia> y[1]
1
```

2.2 行　　　　列

Julia では，数学で用いられる**行列**は標準機能を用いてわかりやすい形で扱うことができる。

2.2.1 密行列の表現

行列は，Julia では Matrix として表される。非ゼロ要素の数が多い行列を密行列という。行列を生成するには要素をスペースで区切って並べる。行はセミコロン “;” で区切る。**プログラム 2-8** では 3×4 の行列を定めている。

プログラム **2-8**（密行列の定義）

```
julia> A = [0.0   1.0  -2.3  0.1;
            1.3   4.0  -0.1  0.0;
            4.1  -1.0   0.0  1.7]
3x4 Matrix{Float64}:
 0.0   1.0  -2.3  0.1
 1.3   4.0  -0.1  0.0
 4.1  -1.0   0.0  1.7

julia> A[2, 3]
-0.1
```

実行結果として 3x4 Matrix{Float64} と表示されているので，A は 3×4 の行列として定められたことがわかる。要素は 64 ビットの浮動小数点（Float64）である。行列 A の (i, j) 要素にアクセスするには，A[i,j] とすればよい。

行列のサイズは size(A) で得ることができる。行列のサイズを得る例を**プログラム 2-9** に示す。

プログラム **2-9**（行列のサイズ）

```
julia> m, n = size(A)
(3, 4)

julia> m
3

julia> n
4
```

size(A) の返り値は 2 つあり，それぞれ m と n という名前をつけることで後から利用することができる。

行列の特定の行を取り出すには，“:” を用いる。例えば，A の 2 行目を取り出すには，**プログラム 2-10** のように A[2,:] とする。

プログラム **2-10**（A の 2 行目を取り出す例）

```
julia> A[2, :]
4-element Vector{Float64}:
```

```
  1.3
  4.0
 -0.1
  0.0
```

ここで，`A[2,:]` の 2 は 2 行目を取り出すことを指定し，`:`はすべての列を取り出すことを指定する。したがって，`A[2,:]` によって 2 行目をすべて取り出すことができる。得られるのは `Vector{Float64}`である。

2.2.2 疎行列の表現

実際に計算の対象とする行列は，多くの要素が 0 であるものが多い。このような行列を**疎行列**という。$m \times n$ の疎行列に対しては，$m \times n$ 個のすべての要素のための記憶領域を確保する必要はなく，ゼロでない要素，すなわち非ゼロ要素のための記憶領域が確保できれば十分である。

疎行列を表すための方法として直感的にわかりやすいものに，各非ゼロ要素の行番号，列番号，要素の値をもつものがある。例えば，つぎの 3×4 の疎行列 $\boldsymbol{A}$ の非ゼロ要素は，A_{11}，A_{23}，A_{32} である。

$$\boldsymbol{A} = \begin{bmatrix} 10 & 0 & 0 & 0 \\ 0 & 0 & 22 & 0 \\ 0 & 31 & 0 & 0 \end{bmatrix}$$

これは，非ゼロ要素の行番号を順に記録する配列 I，列番号を順に記録する配列 J，要素の値を順に記録する配列 V を用いて

$$I = [1, 2, 3], \quad J = [1, 3, 2], \quad V = [10, 22, 31]$$

と表すことができる。これらの配列の長さがいずれも 3 であるから，非ゼロ要素の数が 3 であることがわかる。そして，$I[1] = 1$，$J[1] = 1$，$V[1] = 10$ であることから，1 番目の非ゼロ要素は $A_{11} = 10$ であることがわかる。疎行列を表現するための方法はこの他にもさまざまに考案され，使用されている。

また，疎行列は記憶領域を節約できるだけでなく，計算効率をよくすることができる可能性もある。例えば，$m \times l$ の行列 $\boldsymbol{A}$ と $l \times n$ の行列 $\boldsymbol{B}$ との積を $\boldsymbol{C}$ とすると，$\boldsymbol{C}$ の (i, j) 要素は

$$C_{ij} = \sum_{k=1}^{l} A_{ik} B_{kj}$$

と計算される。これには l 回の積と $l-1$ 回の和の演算が必要である。ここで，$\boldsymbol{A}$ が疎行列であり，その i 行目の非ゼロ要素は A_{i3} と A_{i7} の 2 つだったとする。また，$\boldsymbol{B}$ も疎行列であり，その j 列目の非ゼロ要素は B_{2j}，B_{5j}，B_{7j} の 3 つであるとする。このとき，C_{ij} を求めるのに必要な計算は，$A_{i7}B_{7j}$ の 1 回の積の演算のみであることがわかる。実際の計算時間は，計算回数の他に記憶領域へのアクセス時間が関係する。一般に，疎行列として記憶したデータにアクセスする時間は，密行列として記憶したデータにアクセスする時間よりも長い。したがって，計算回数の削減による時間短縮が，データアクセス時間の増加よりも上回る場合は，疎行列として扱ったほうがよい。そうでない場合は密行列として扱ったほうがよい。

Julia では，行列を疎行列として定める方法がある。これには，`SparseArrays` パッケージが必要である。先ほど示した疎行列 $\boldsymbol{A}$ は，**プログラム 2-11** で定めることができる。

プログラム 2-11（疎行列の定義）

```
julia> using SparseArrays

julia> I = [ 1,  2,  3];

julia> J = [ 1,  3,  2];

julia> V = [10, 22, 31];

julia> A = sparse(I, J, V, 3, 4)
3x4 SparseMatrixCSC{Int64, Int64} with 3 stored entries:
 10   ⋅   ⋅   ⋅
  ⋅   ⋅  22   ⋅
  ⋅  31   ⋅   ⋅
```

```
julia> A[1, 2]
0

julia> A[2, 3]
22
```

このようにして疎行列を定義すると，3x4 SparseMatrixCSC{Int64, Int64} という形式で行列が定められたことがわかる。また，定めた行列 A の要素は，添え字 i，j でアクセスできる。例えば，0 である A_{12} は A[1,2] によって得られ，非ゼロ要素である A_{23} は A[2,3] で得られる。

2.3 線 形 演 算

データ間の線形演算でおもなものを述べる。

2.3.1 ベクトルとスカラーの演算

ベクトル x とスカラー a の積は，x*a および a*x で表される。例えば，**プログラム 2-12** に示したような演算が可能である。

プログラム 2-12（ベクトルとスカラーの積）

```
julia> x = [2, 3, 1, 2];
julia> a = 2;
julia> a*x
4-element Vector{Int64}:
 4
 6
 2
 4
```

Julia では，演算子の前に “.” をつけることで要素ごとの演算が可能である。これを用いると，ベクトル x の各要素にスカラー a を足すという演算が，a.+x によって可能となる。この演算例を**プログラム 2-13** に示す。

プログラム **2-13**（ベクトルとスカラーの要素ごとの和）

```
julia> x = [2, 3, 1, 2];

julia> a = 2;

julia> a.+x
4-element Vector{Int64}:
 4
 5
 3
 4
```

2.3.2 ベクトル同士の演算

2つのベクトル x と y に対して，さまざまな演算が定められている。

〔**1**〕 **ベクトル同士の要素ごとの和**　プログラム **2-14** は，2つのベクトル x と y の和を求める例である。

プログラム **2-14**（ベクトル同士の要素ごとの和）

```
julia> x = [2, 3, 4, 5];

julia> y = [1, 2, 5, 3];

julia> x+y
4-element Vector{Int64}
 3
 5
 9
 8
```

〔**2**〕 **ベクトル同士の要素ごとの積**　プログラム **2-15** では，それぞれ4つの要素をもつベクトル x と y を定めている。これら2つのベクトルに対して積の演算 x*y は定められていないので，x*y を実行しようとしてもエラーが発生する。一方で，x.*y は2つのベクトルの要素ごとの積を求めるものであるから，実行することができる。具体的には，x[i] と y[i] の積を i 番目の要素とするベクトルが得られる。

プログラム **2-15**（ベクトル同士の要素ごとの積）

```
julia> x = [2, 3, 4, 5];

julia> y = [1, 2, 5, 3];

julia> x.*y
4-element Vector{Int64}:
  2
  6
 20
 15
```

〔**3**〕 **ベクトル同士の内積**　n 次元ベクトル $\boldsymbol{x}$ と $\boldsymbol{y}$ との内積は，$\boldsymbol{x}^\top \boldsymbol{y}$ または $\boldsymbol{x} \cdot \boldsymbol{y}$ と表される。Julia において，ベクトル $\boldsymbol{x}$ を x，ベクトル $\boldsymbol{y}$ を y と表すとすると，それらの内積は x'*y によって求められる。**プログラム 2-16** では 2 つのベクトルの内積を計算している。

プログラム **2-16**（ベクトル同士の内積）

```
julia> x = [1, 2, 3, 4];

julia> y = [2, 3, 1, 2];

julia> x'*y
19
```

2.3.3　行列とベクトルの積

Julia では，行列とベクトルの積を容易に計算することができる。行列 $\boldsymbol{A} \in \mathbb{R}^{m\times n}$ とベクトル $\boldsymbol{x} \in \mathbb{R}^n$ との積は，行列の列数とベクトルの次元が等しいときに定義され，m 次元のベクトルとなる。$\boldsymbol{Ax}$ の第 i 成分 $[\boldsymbol{Ax}]_i$ は，つぎの式で与えられる。

$$[\boldsymbol{Ax}]_i = \sum_{j=1}^{n} A_{ij} x_j \qquad (i = 1, 2, \cdots, m)$$

プログラム 2-17 は，4×3 の行列 A と 3 次元のベクトル x との積 A*x を Julia で計算する例である。

プログラム 2-17（行列とベクトルの積）

```
julia> A = [1 2 5; 2 1 3; -1 2 8; 1 3 2]
4x3 Matrix{Int64}:
  1  2  5
  2  1  3
 -1  2  8
  1  3  2

julia> x = [2, 3, 7]
3-element Vector{Int64}:
  2
  3
  7

julia> A*x
4-element Vector{Int64}:
 43
 28
 60
 25
```

2.3.4 行列同士の積

2つの行列 $\boldsymbol{A} \in \mathbb{R}^{m\times k}$ と $\boldsymbol{B} \in \mathbb{R}^{k\times n}$ との積は，$\boldsymbol{A}$ の列数と $\boldsymbol{B}$ の行数とが等しいときに定義され，$m \times n$ の行列となる。この行列を $\boldsymbol{C}$ と表すことにする。$\boldsymbol{C}$ の (i, j) 成分はつぎの式で定められる。

$$C_{ij} \;=\; \sum_{l=1}^{k} A_{il} B_{lj}$$

プログラム 2-18 では，4×3 の行列 A と 3×2 の行列 B との積 A*B を求めている。

プログラム 2-18（行列同士の積）

```
julia> A = [1 2 5; 2 1 3;-1 2 8;1 3 2]
4x3 Matrix{Int64}:
  1  2  5
  2  1  3
 -1  2  8
  1  3  2
```

```
julia> B = [1 2; 2 1; 5 3]
3x2 Matrix{Int64}:
  1  2
  2  1
  5  3

julia> C = A*B
4x2 Matrix{Int64}:
 30  19
 19  14
 43  24
 17  11
```

2.4 反 復 処 理

本書では，反復処理としてもっぱら for 文を用いている。Julia にはその他の反復処理の仕組みとして while がある。

for 文は，for に続いて繰り返しの条件を書き，つぎの行から各反復での処理を記述する。最後は end で閉じることを忘れないようにする。**プログラム 2-19** に示したのは，1〜5 までの整数を画面に表示する例である。

プログラム **2-19**（for 文の例 1）

```
julia> for i = 1:5
           println(i)
       end
1
2
3
4
5
```

このプログラムでは for に続いて i = 1:5 と書いている。これは，変数 i を順に 1〜5 までのすべての整数に設定する反復条件を指示するものである。そのようにして設定された i の各値について 2 行目の println(i) 文を実行する。

この処理は，**プログラム 2-20** のように書いてもよい。

プログラム **2-20**（for 文の例 2）

```
for i in [1, 2, 3, 4, 5]
    println(i)
end
```

for 文で用いている [1, 2, 3, 4, 5] は，1，2，3，4，5 を要素とするベクトルである。これは，ベクトルの各要素を i として設定する反復条件を指示している。

for 文には 2 つ以上の変数を用いてもよい。**プログラム 2-21** では，1 番目の変数 i を 1〜3 まで，2 番目の変数 j を 1〜4 まで動かす反復条件を指示している。

プログラム **2-21**（for 文の例 3）

```
julia> for i in 1:3, j in 1:4
           println("i:$i, j:$j")
       end
i:1 j:1
i:1 j:2
i:1 j:3
i:1 j:4
i:2 j:1
i:2 j:2
i:2 j:3
i:2 j:4
i:3 j:1
i:3 j:2
i:3 j:3
i:3 j:4
```

このプログラムの for 文は，for i in 1:3, j in 1:4 であり，変数は i と j の 2 つである。i の値の範囲を i in 1:3 で指定し，カンマの後に続けて j の値の範囲を j in 1:4 と指定している。

ベクトルの要素を定める際には，**内包表記**とよばれる方法がよく用いられる。例えば，1〜5 までの整数に対する反復を指定する for i in 1:5 を，1〜5 までの整数のうちの偶数に対する反復を指定するものに変更するには，つぎのように書くとよい。

内包表記の例

```
[i for i in 1:5 if i%2 == 0]
```

まず，[i for i in 1:5] は，i を 1〜5 までの整数としたときの i を要素とするベクトルなので，[1,2,3,4,5] を表す。もしこれを [2*i for i in 1:5] とすると [2,4,6,8,10] を表すことになる。さて，上記の内包表記では [] 内の for 文の最後の部分に if i%2 == 0 と追加している。これは，1〜5 までの整数 i のうち，i%2 == 0 が成り立つもののみを要素とすることを指示している。したがって，これはベクトル [2,4] を表す。

反復処理で便利に用いられるものに，zip(a,b) がある。この関数を用いると，第 1 引数 a の第 i 成分と第 2 引数 b の第 i 成分とのペアを得ることができる。例えば

```
a = [1, 2, 3, 4], b = [2, 3, 4, 5]
```

とすると，zip(a,b) により得られるのは

```
(a[1], b[1]), (a[2], b[2]), (a[3], b[3]), (a[4], b[4])
```

に対応する (1,2), (2,3), (3,4), (4,5) である。数理最適化問題では，ネットワークにおける経路を取り出すときなど，数列の隣り合う 2 つの要素からなるペアを取り出すのに用いられる。例えば，b=[2,3,4,5] の隣り合う要素のペアを取り出すには zip([2,3,4],[3,4,5]) とするとよいが，これは zip(b[1:(length(b)-1)],b[2:length(b)]) によって実現できる。

3章　数理最適化の概要

数理最適化は，**目的関数** $f(\boldsymbol{x})$ の値を最小化するように**決定変数** $\boldsymbol{x}$ を定めるものである。これは

$$\text{最小化}：f(\boldsymbol{x})$$

と表される。本書では，$\boldsymbol{x}$ は n 次元の実ベクトル，すなわち $\boldsymbol{x} \in \mathbb{R}^n$ とする。

数理最適化では，変数 $\boldsymbol{x}$ のとりうる値に制限が課されることが多くある。変数 $\boldsymbol{x}$ が集合 S の要素である，という条件のもとで，目的関数 $f(\boldsymbol{x})$ を最小化するという問題をつぎのように表す。

$$\begin{cases} \text{最小化} & ：f(\boldsymbol{x}) \\ \text{制約条件} & ：\boldsymbol{x} \in S \end{cases}$$

この S のことを**実行可能領域**とよび，S の要素のことを**実行可能解**とよぶ。数理最適化問題は，実行可能解の中で，目的関数を最小化するものを求める問題である。目的関数の最小化を実現する実行可能解のことを**最適解**とよぶ。最適解は，右肩に “$*$” をつけて $\boldsymbol{x}^* \in S$ と表すことがある。最適解はつぎの条件を満たす。

$$f(\boldsymbol{x}^*) \leqq f(\boldsymbol{x}) \qquad (\forall \boldsymbol{x} \in S)$$

最適解で実現される目的関数の値 $f(\boldsymbol{x}^*)$ のことを**最適値**とよぶ。最適解 $\boldsymbol{x}^*$ は複数個ありうる。つまり，$f(\boldsymbol{x}_1^*) = f(\boldsymbol{x}_2^*)$ であれば $\boldsymbol{x}_1^*$ も $\boldsymbol{x}_2^*$ も最適解である。

数理最適化の全般的な基礎知識を得るには，専門の書籍を参照することを勧める[4)]。

3.1 変数と定数

最適化問題

最小化：$f(\boldsymbol{x})$

において，この最小化を実現する $\boldsymbol{x}$ の値は，最適化アルゴリズムを実行して求めるものである。この $\boldsymbol{x}$ が**変数**である。

これに対して，関数 $f(\boldsymbol{x})$ を定める具体的な数値のことを**定数**という。例えば，目的関数 $f(\boldsymbol{x})$ が $f(\boldsymbol{x}) = \boldsymbol{c}^\top \boldsymbol{x} = c_1x_1 + c_2x_2 + c_3x_3$ という線形関数だとする。これは，$[c_1, c_2, c_3] = [2, 3, 5]$ などと $\boldsymbol{c}$ の値を指定することで具体的に定まる。この $\boldsymbol{c}$ が定数の例である。実行可能領域 S を定める具体的な数値のことも定数という。例えば，S が

$$S = \{\boldsymbol{x} \mid a_{11}x_1 + a_{12}x_2 + a_{13}x_3 \leqq b_1\}$$

という線形不等式で表されるとする。ここで，$a_{11} = 4$，$a_{12} = 2$，$a_{13} = 3$，$b_1 = 5$ などと数値を与えることで，具体的な S の範囲が定まる。

$$S = \{\boldsymbol{x} \mid 4x_1 + 2x_2 + 3x_3 \leqq 5\}$$

これら a_{11}，a_{12}，a_{13}，b_1 のことも定数という。

3.2 目的関数

最適化問題における関数 $f(\boldsymbol{x})$ のことを目的関数という。目的関数の最小化を目的とすることは，一般性を失うものではない。もし，関数 $f(\boldsymbol{x})$ を最大化したければ，マイナスをつけた $-f(\boldsymbol{x})$ を最小化すればよいからである。

3.3 制　約　条　件

制約条件は，実行可能領域 S を用いて

$$\boldsymbol{x} \in S$$

と表される。ここまでは，実行可能領域 S を単に集合としてきたが，数理最適化では，この集合 S が数式を用いて表される問題を対象とする。具体的には，m 本の等式と p 本の不等式を同時に満たす $\boldsymbol{x}$ の集合として，式 (3.1) のように S を定める。

$$\begin{aligned} S = \{\boldsymbol{x} \mid h_i(\boldsymbol{x}) &= 0 \qquad (i = 1, 2, \cdots, m), \\ g_j(\boldsymbol{x}) &\leqq 0 \qquad (j = 1, 2, \cdots, p)\} \end{aligned} \tag{3.1}$$

ここで，$h_i(\boldsymbol{x}) = 0$ を**等式制約**，$g_j(\boldsymbol{x}) \leqq 0$ を**不等式制約**とよぶ。そのようにすると，数理最適化問題は問題 (3.2) のように表される。

$$\left\{ \begin{array}{ll} \text{最小化} & : f(\boldsymbol{x}) \\ \text{制約条件} & : h_i(\boldsymbol{x}) = 0 \qquad (i = 1, 2, \cdots, m) \\ & \quad g_j(\boldsymbol{x}) \leqq 0 \qquad (j = 1, 2, \cdots, p) \\ & \quad \boldsymbol{x} \in \mathbb{R}^n \end{array} \right. \tag{3.2}$$

3.4 数理最適化問題の分類

数理最適化問題は，目的関数 $f(\boldsymbol{x})$ と，制約式を定める関数 $h_i(\boldsymbol{x})$，$g_j(\boldsymbol{x})$ の種類によって分類される。

3.4.1 凸最適化問題と非凸最適化問題

集合 S について，その任意の 2 つの要素 $\boldsymbol{x}_1, \boldsymbol{x}_2 \in S$ の凸結合 $(1-\lambda)\boldsymbol{x}_1 + \lambda\boldsymbol{x}_2$

$(0 \leqq {}^\forall\lambda \leqq 1)$ が再び S の要素となるとき，その集合を**凸集合**という。“凸” という概念は，関数に対しても用いられる。いま，関数 $f(\boldsymbol{x})$ のエピグラフを式 (3.3) で定義する。

$$\mathrm{epi}(f) \;=\; \{(t, \boldsymbol{x}) \mid t \geqq f(\boldsymbol{x})\} \tag{3.3}$$

$\boldsymbol{x} \in \mathbb{R}^1$ の関数 $f(\boldsymbol{x})$ のエピグラフの例を**図 3.1** に示した。このエピグラフが凸集合であるとき，関数 $f(\boldsymbol{x})$ は凸であるという。凸である関数を**凸関数**という。

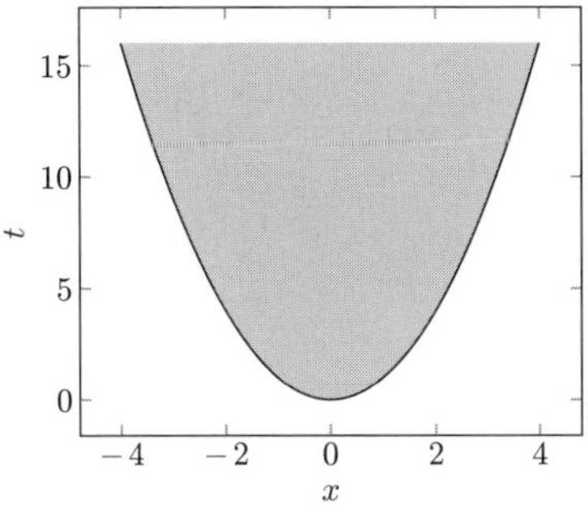

図 3.1　関数 $f(\boldsymbol{x})$ のエピグラフの例

さて，目的関数が凸関数であり，かつ実行可能領域

$$S = \{\boldsymbol{x} \mid h_i(\boldsymbol{x}) = 0 \quad (i = 1, 2, \cdots, m), \quad g_j(\boldsymbol{x}) \leqq 0 \quad (j = 1, 2, \cdots, p)\}$$

が凸集合であるとき，この最適化問題を**凸最適化問題**とよぶ[5)]。そして，凸最適化問題でない数理最適化問題を**非凸最適化問題**とよぶ。

凸最適化問題は最適解を求めるのによい構造をもっており，効率的に解くことができる。一方で，非凸最適化問題は解くのが大変難しい。

3.4.2　線形最適化問題

目的関数 $f(\boldsymbol{x})$ が線形関数であり，制約条件を定める $h_i(\boldsymbol{x})$，$g_j(\boldsymbol{x})$ がすべてアフィン関数であるとき，その数理最適化問題のことを**線形最適化問題**という。線形最適化問題は，問題 (3.4) の形で表される。

$$
\begin{cases}
\text{最小化} & : \displaystyle\sum_{j=1}^{n} c_j x_j \\
\text{制約条件} & : \displaystyle\sum_{j=1}^{n} a_{ij} x_j - b_i \leqq 0 \qquad (i = 1, 2, \cdots, m) \\
& \quad \boldsymbol{x} \geqq \boldsymbol{0} \\
& \quad \boldsymbol{x} \in \mathbb{R}^n
\end{cases}
\tag{3.4}
$$

ここで，$\boldsymbol{x} \geqq \boldsymbol{0}$ は $\boldsymbol{x}$ のすべての成分 x_j が非負であることを表している。また，$\boldsymbol{0}$ はすべての成分が 0 のベクトルを表している。問題 (3.4) は，ベクトル

$$
\boldsymbol{c} = \begin{bmatrix} c_1 & c_2 & \cdots & c_n \end{bmatrix}^\top, \quad \boldsymbol{a}_i = \begin{bmatrix} a_{i1} & a_{i2} & \cdots & a_{in} \end{bmatrix}^\top
$$

を用いると，問題 (3.5) のように表すこともできる。

$$
\begin{cases}
\text{最小化} & : \boldsymbol{c}^\top \boldsymbol{x} \\
\text{制約条件} & : \boldsymbol{a}_i^\top \boldsymbol{x} - b_i \leqq 0 \qquad (i = 1, 2, \cdots, m) \\
& \quad \boldsymbol{x} \geqq \boldsymbol{0} \\
& \quad \boldsymbol{x} \in \mathbb{R}^n
\end{cases}
\tag{3.5}
$$

3.4.3　2次最適化問題

目的関数 $f(\boldsymbol{x})$ が $\boldsymbol{x}$ の 2 次関数と線形関数の和であり，制約条件を定める $h_i(\boldsymbol{x})$，$g_j(\boldsymbol{x})$ がすべて**アフィン関数**であるとき，この数理最適化問題を **2 次最適化問題**という。2 次最適化問題は問題 (3.6) のように表される。

$$
\begin{cases}
\text{最小化} & : \dfrac{1}{2} \boldsymbol{x}^\top \boldsymbol{Q} \boldsymbol{x} + \boldsymbol{c}^\top \boldsymbol{x} \\
\text{制約条件} & : \boldsymbol{a}_i^\top \boldsymbol{x} - b_i \leqq 0 \qquad (i = 1, 2, \cdots, m) \\
& \quad \boldsymbol{x} \in \mathbb{R}^n
\end{cases}
\tag{3.6}
$$

ここで，$\boldsymbol{a}_i^\top \boldsymbol{x} - b_i \leqq 0$ は，$\boldsymbol{a}_i^\top \boldsymbol{x} - b_i < 0$ または $\boldsymbol{a}_i^\top \boldsymbol{x} - b_i = 0$ を表すので，等式条件と不等式条件をまとめて表していることに注意する。

3.4.4 整数最適化問題

整数最適化問題は，線形最適化問題の変数のうちのいくつかに整数でなければならないという条件が加わったものであり，問題 (3.7) のように表される。

$$
\begin{cases}
\text{最小化} &: \boldsymbol{c}^\top \boldsymbol{x} \\
\text{制約条件} &: \boldsymbol{a}_i^\top \boldsymbol{x} - b_i \leqq 0 \qquad (i = 1, 2, \cdots, m) \\
& \quad \boldsymbol{x} \geqq \boldsymbol{0} \\
& \quad \boldsymbol{x} \in \mathbb{R}^n \\
& \quad x_1, x_2, \cdots, x_l \text{ は整数}
\end{cases}
\tag{3.7}
$$

この問題の変数は $x_1, x_2, \cdots, x_n$ の n 個であるが，このうちの最初の l 個である $x_1, x_2, \cdots, x_l$ には整数でなければならないという条件が課せられている。これを**整数条件**という。ここで，整数条件が課された変数 $x_1, x_2, \cdots, x_l$ のことを**整数変数**という。整数最適化問題は，より正確には‘整数“線形”最適化問題’とよぶほうがわかりやすい。整数条件を課した問題は他にも考えられる。例えば，2 次最適化問題の変数に整数条件を加えると，その問題は整数 2 次最適化問題とよばれる。

整数変数を含む数理最適化問題を解く方法として用いられるのが，**分枝限定法**である。分枝限定法では，整数条件を緩和した問題を繰り返し解く。例えば，整数“線形”最適化問題であれば，線形最適化問題を繰り返し解く。最近まで，ある程度大規模な問題を短時間で解くことができるのは線形最適化問題に限られていたため，分枝限定法が実際に実行できるのは整数“線形”最適化問題に限られていた。したがって，整数最適化問題＝整数“線形”最適化問題ととらえてもさほど問題にはならなかった。ところが，最近では線形最適化問題以外の問題，例えば 2 次最適化問題や半正定値最適化問題も十分に高速に解けるようになってきた。そのため，これらの問題に整数条件を追加した問題，すなわち整数 2 次最適化問題や整数半正定値最適化問題に対しても分枝限定法を実行することができるようになってきた。そこで，最近では単に整数最適化問題とよぶのではなく，整数線形最適化問題などとよぶことも増えてきている。

3.4.5 半正定値最適化問題

線形最適化問題は，n 次元ベクトルを最適化するものであったが，これを $n \times n$ の実対称行列の空間に拡張したものが**半正定値最適化問題**である。ここで実対称行列とは，各要素が実数で，(i,j) 成分と (j,i) 成分が等しい行列をいう。

$n \times n$ の行列 $\boldsymbol{C}$ と $\boldsymbol{X}$ に対して，それらの内積を式 (3.8) で定義する。

$$\boldsymbol{C} \bullet \boldsymbol{X} = \sum_{i=1}^{n} \sum_{j=1}^{n} C_{ij} X_{ij} \tag{3.8}$$

さらに，行列 $\boldsymbol{X}$ が**半正定値**であることを

$$\boldsymbol{X} \succeq \boldsymbol{O}$$

と表すことにする。行列 $\boldsymbol{X} \in \mathbb{R}^{n \times n}$ が半正定値であるとは，すべてのベクトル $\boldsymbol{d} \in \mathbb{R}^n$ に対して $\boldsymbol{d}^\top \boldsymbol{X} \boldsymbol{d} \geqq 0$ が成り立つことをいう。これは，すべての固有値が非負であることと同値である。

この内積を用いて，数理最適化問題 (3.9) を定める。

$$\begin{cases} \text{最小化} \quad : \boldsymbol{C} \bullet \boldsymbol{X} \\ \text{制約条件} : \boldsymbol{A}_i \bullet \boldsymbol{X} - b_i \leqq 0 \qquad (i = 1, 2, \cdots, m) \\ \qquad\qquad\quad \boldsymbol{X} \succeq \boldsymbol{O}, \boldsymbol{X} \in \mathcal{S}^n \end{cases} \tag{3.9}$$

ここで $\boldsymbol{X} \in \mathcal{S}^n$ は，$\boldsymbol{X}$ が $n \times n$ の対称行列であることを表している。この数理最適化問題を半正定値最適化問題という。

この問題を線形最適化問題と比べると，つぎのような対応が見られる。

$$\boldsymbol{c} \cdot \boldsymbol{x} \Leftrightarrow \boldsymbol{C} \bullet \boldsymbol{X}$$

$$\boldsymbol{a}_i \cdot \boldsymbol{x} \Leftrightarrow \boldsymbol{A}_i \bullet \boldsymbol{X}$$

$$\boldsymbol{x} \geqq \boldsymbol{0} \Leftrightarrow \boldsymbol{X} \succeq \boldsymbol{O}$$

ここで，$\boldsymbol{c} \cdot \boldsymbol{x}$ はベクトル $\boldsymbol{c}$ と $\boldsymbol{x}$ の内積 $\displaystyle\sum_{j=1}^{n} c_j x_j$ を表す。

半正定値最適化問題は，線形最適化問題とよく似た数理的構造をもっている。そして，その構造を生かした内点法により，効率的に最適解を求めることができる。

4章 線形最適化問題

線形最適化問題は，目的関数と制約式に現れる関数がすべて線形である数理最適化問題のことをいう。本章では，まず例を示しながら線形最適化問題の定式化を説明し，その後，数理最適化パッケージ JuMP を用いて Julia で線形最適化問題を解く方法を述べる。さらに，線形最適化問題として定式化できる代表的な問題である輸送最適化問題を実際に解く方法を解説する。

4.1 問題例：栄養素の問題

線形最適化問題として定式化される問題に，栄養素の問題がある。

ある学生は，昼食としてブラウニーとチーズケーキを食べる。これらを食べることにより，必要な栄養素を摂取する。栄養素としては，チョコレート，砂糖，チーズを扱う。ブラウニー 1 個に含まれるチョコレートは 3 g，砂糖は 2 g，チーズは 2 g である。一方で，チーズケーキ 1 個に含まれるチョコレートは 0 g，砂糖は 4 g，チーズは 5 g である。また，ブラウニーは 1 個当り 50 円で，チーズケーキは 1 個当り 80 円である。1 回の昼食で摂取する必要のある量はチョコレートが 6 g，砂糖が 10 g，チーズが 8 g である。これらの値をまとめたのが**表 4.1** である。

表 4.1　線形最適化問題の例：栄養素の問題

	チョコレート	砂糖	チーズ	コスト
ブラウニー	3	2	2	50
チーズケーキ	0	4	5	80
必要摂取量	6	10	8	—

ここで，購入するブラウニーの個数を x_1，チーズケーキの個数を x_2 で表すこととする。これら x_1，x_2 のことを決定変数，または単に変数とよぶ。これらの変数を用いて制約式を表すと，不等式 (4.1)〜(4.4) となる。

$$3x_1 \geqq 6 \tag{4.1}$$

$$2x_1 + 4x_2 \geqq 10 \tag{4.2}$$

$$2x_1 + 5x_2 \geqq 8 \tag{4.3}$$

$$x_1, x_2 \geqq 0 \tag{4.4}$$

不等式 (4.1) は，摂取するチョコレートが 6 g 以上であることを課す制約である。不等式 (4.2) は，摂取する砂糖が 10 g 以上であることを課す制約である。不等式 (4.3) は，摂取するチーズが 8 g 以上であることを課す制約である。不等式 (4.4) は，購入するブラウニーとチーズケーキの個数が非負であることを課す制約である。この条件はよく用いられる制約であり，特に**非負条件**とよばれる。

また，ブラウニーを x_1 個，チーズケーキを x_2 個購入するには，$50x_1 + 80x_2$ 円が必要である。

必要な量の栄養素（チョコレート，砂糖，チーズ）を摂取する，という条件のもとで，購入価格を最小化したい。このためのブラウニーとチーズケーキの購入個数を求める問題は，つぎの最適化問題 (4.5) として定式化される。

$$\left\{\begin{array}{ll} \text{最小化} & : 50x_1 + 80x_2 \\ \text{制約条件} & : 3x_1 \geqq 6 \\ & \quad 2x_1 + 4x_2 \geqq 10 \\ & \quad 2x_1 + 5x_2 \geqq 8 \\ & \quad x_1, x_2 \geqq 0 \end{array}\right. \tag{4.5}$$

この最適化問題は，目的関数が変数 x_1，x_2 についての線形関数，制約条件の左辺が変数 x_1，x_2 の線形不等式で表されている。このような問題を線形最適化問題とよぶ。

4.2 変数と定数

線形最適化問題における変数を $\boldsymbol{x} \in \mathbb{R}^n$ と表す。これは，n 次元の実ベクトルである。数理最適化問題を表すためにベクトル表現をよく用いる。これらのベクトルは，基本的に列ベクトルで表すことにする。例えば，n 次元の変数ベクトル $\boldsymbol{x}$ は

$$\boldsymbol{x} = \begin{bmatrix} x_1 \\ x_2 \\ \vdots \\ x_n \end{bmatrix} \tag{4.6}$$

と表す。この式 (4.6) を見るとわかるように，列ベクトルをそのまま書くと空白を多くとることになる。そこで，式 (4.6) と同じ意味で式 (4.7) のように表現することもある。

$$\boldsymbol{x}^\top = \begin{bmatrix} x_1 & x_2 & \cdots & x_n \end{bmatrix} \tag{4.7}$$

ここで，$\boldsymbol{x}^\top$ は $\boldsymbol{x}$ の転置ベクトルを表す。

また，線形最適化問題の問題例を定める定数は，$m \times n$ の行列 $\boldsymbol{A} \in \mathbb{R}^{m \times n}$，$m$ 次元の実ベクトル $\boldsymbol{b} \in \mathbb{R}^m$，$n$ 次元の実ベクトル $\boldsymbol{c} \in \mathbb{R}^n$ である。行列 $\boldsymbol{A} \in \mathbb{R}^{m \times n}$ とベクトル $\boldsymbol{b} \in \mathbb{R}^m$ は制約条件を定めるもので，n 次元の実ベクトル $\boldsymbol{c} \in \mathbb{R}^n$ は，目的関数を定めるものである。

4.3 目的関数

目的関数は，定数ベクトル $\boldsymbol{c}$ と変数ベクトル $\boldsymbol{x}$ との内積 $\boldsymbol{c} \cdot \boldsymbol{x}$ で定められる。具体的には，式 (4.8) で定められる。

$$\boldsymbol{c} \cdot \boldsymbol{x} = \sum_{j=1}^{n} c_j x_j \tag{4.8}$$

ここで，$\boldsymbol{x} \cdot \boldsymbol{y}$ は，ベクトル $\boldsymbol{x}$ と $\boldsymbol{y}$ の内積を表す。$\boldsymbol{x} \cdot \boldsymbol{y}$ は $\boldsymbol{x}^\top \boldsymbol{y}$ とも表される。

線形最適化問題の目的は，この関数 $\boldsymbol{c}^\top \boldsymbol{x}$ の最小化とする。

$$\text{最小化}：\boldsymbol{c}^\top \boldsymbol{x}$$

4.1 節の問題例 (4.5) では $n = 2$ であり，目的関数を定める定数 $\boldsymbol{c}$ は

$$\boldsymbol{c}^\top = \begin{bmatrix} c_1 & c_2 \end{bmatrix} = \begin{bmatrix} 50 & 80 \end{bmatrix}$$

となる。そして，目的関数は

$$\boldsymbol{c}^\top \boldsymbol{x} = \begin{bmatrix} 50 & 80 \end{bmatrix} \begin{bmatrix} x_1 \\ x_2 \end{bmatrix} = 50x_1 + 80x_2$$

となる。

線形最適化問題を利用する状況によっては，目的関数を最大化したい場合がある。例えば，$\boldsymbol{c}^\top \boldsymbol{x}$ が利益を表し，これを最大化したい場合などである。目的関数の最大化は

$$\text{最大化}：\boldsymbol{c}^\top \boldsymbol{x}$$

と表されるが，これは，関数に負の符号をつけたものの最小化と同じである。

$$\text{最小化}：-\boldsymbol{c}^\top \boldsymbol{x}$$

4.4 制約条件

線形最適化問題の制約条件は，線形不等式または線形等式で表される。制約条件を定める行列 $\boldsymbol{A}$ の行数 m は，制約の数に対応する。4.1 節の問題例 (4.5) では，制約式は式 (4.1)～(4.3) の 3 つである。したがって，$m = 3$ となる。最初の不等式 (4.1) を 左辺 $\leq$ 右辺 のかたちで表すと

$$-3x_1 \leqq -6$$

となる。これを，定数ベクトルと変数ベクトル $\boldsymbol{x} = [x_1, x_2]^\top$ との積で表すと

$$\begin{bmatrix} -3 & 0 \end{bmatrix} \cdot \begin{bmatrix} x_1 \\ x_2 \end{bmatrix} \leqq -6$$

となる。この左辺における変数の係数を $\boldsymbol{a}_1^\top$ と表すことにすると

$$\boldsymbol{a}_1^\top = \begin{bmatrix} a_{11} & a_{12} \end{bmatrix} = \begin{bmatrix} -3 & 0 \end{bmatrix}$$

と表される。また，右辺の定数を $b_1 = -6$ と定める。これを用いて，式 (4.1) は

$$\boldsymbol{a}_1^\top \boldsymbol{x} \leq b_1$$

と表される。

制約式 (4.2)，(4.3) も同様に表すと，それぞれ

$$\boldsymbol{a}_2^\top \boldsymbol{x} = \begin{bmatrix} -2 & -4 \end{bmatrix} \begin{bmatrix} x_1 \\ x_2 \end{bmatrix} \leqq -10 = b_2$$

$$\boldsymbol{a}_3^\top \boldsymbol{x} = \begin{bmatrix} -2 & -5 \end{bmatrix} \begin{bmatrix} x_1 \\ x_2 \end{bmatrix} \leqq -8 = b_3$$

となる。

制約を定める 3 つの不等式を行列を用いてまとめて表すと，式 (4.9) のようになる。

$$\begin{bmatrix} -3 & 0 \\ -2 & -4 \\ -2 & -5 \end{bmatrix} \begin{bmatrix} x_1 \\ x_2 \end{bmatrix} \leqq \begin{bmatrix} -6 \\ -10 \\ -8 \end{bmatrix} \tag{4.9}$$

式 (4.9) の左辺の係数行列と右辺のベクトルをそれぞれ

$$\boldsymbol{A} = \begin{bmatrix} -3 & 0 \\ -2 & -4 \\ -2 & -5 \end{bmatrix}, \quad \boldsymbol{b} = \begin{bmatrix} -6 \\ -10 \\ -8 \end{bmatrix}$$

と定めると，3つの制約はまとめて

$$\boldsymbol{A}\boldsymbol{x} \leqq \boldsymbol{b}$$

と表すことができる。

4.5 定　式　化

目的関数と制約条件をまとめて，線形最適化問題は，問題 (4.10) のように表すことができる。

$$\begin{cases} \text{最小化} & : \boldsymbol{c}^\top \boldsymbol{x} \\ \text{制約条件} & : \boldsymbol{A}\boldsymbol{x} \leqq \boldsymbol{b} \\ & \quad \boldsymbol{x} \geqq \boldsymbol{0} \\ & \quad \boldsymbol{x} \in \mathbb{R}^n \end{cases} \tag{4.10}$$

ただし，$\boldsymbol{c} \in \mathbb{R}^n$，$\boldsymbol{A} \in \mathbb{R}^{m \times n}$，$\boldsymbol{b} \in \mathbb{R}^m$ とする。

4.6 解　　法

線形最適化問題の解法としては，複数のものが提案されている。その中で現在ソルバーとして実装されてよく用いられているものに，**単体法**と**内点法**がある。単体法は，1947 年に G. B. Dantzig により提案された解法である。それ以来さまざまな改良がなされ，多くの線形最適化ソルバーに実装されている。

一方，内点法は 1984 年に発表された Karmarkar 法以来，研究が急速に進み，特に大規模な問題を効率的に解くことができる解法として定着している[6)]。こちらも多くの線形最適化ソルバーに実装されている。

大規模な問題や特殊な構造をもつ問題を解くのでなければ，どちらの解法で解いてもたいていの場合最適解が得られるが，自分がどちらの解法を用いているかは確認しておくとよい。

4.6.1 単　体　法

線形最適化問題の制約式は，線形関数により定義される。そして，線形最適化問題の実行可能解の集合は，m 個の超平面 (4.11) で囲まれた領域になる。

$$\boldsymbol{a}_i^\top \boldsymbol{x} = b_i \qquad (i = 1, 2, \cdots, m) \tag{4.11}$$

これを**実行可能多面体** P とよぶ。一般に，線形最適化問題の最適解は 1 つとは限らない。つまり，目的関数 $\boldsymbol{c}^\top \boldsymbol{x}$ の値が最適値に等しい点 $\boldsymbol{x}$ が複数ありうる。線形最適化問題は，その最適解の中に実行可能多面体 P の頂点であるものが含まれる，という性質をもつ。このことから，P のある頂点からスタートし，隣の頂点に順に移動していけば，そのうち最適解にいたることができる。この性質を利用したのが単体法である。頂点は有限個しかないので，有限回移動すれば最適解にいたることが保証される。一方で，変数の個数 n と制約式の個数 m が増えるにともない P の頂点が爆発的に増えるので，この難しさをうまく回避する必要がある。

一般に，実行可能多面体 P の頂点はものすごくたくさんあるが，うまい移り方をすれば少ない移動回数で最適解にいたることができる。意地の悪い問題例に対してはとんでもない回数の移動が必要になるが，通常遭遇するたいていの問題例では十分に少ない移動回数で最適解にいたるように，さまざまなアルゴリズム上・ソフトウェア上の工夫がなされている。

4.6.2 内　点　法

内点法は，実行可能多面体 P の内部を通って最適解に近づいていく方法である。内部を通ることによって多面体の境界の組合せ的複雑さを避けている。内点法にはさまざまなバリエーションがあるが，理論的にも実用的にもよい性質をもったものの 1 つが主双対内点法である。主双対内点法では，対数障壁関数とよばれる関数の最小点として定められる中心パスを定義し，それらを定める方程式系をニュートン法を用いて追跡することで最適解を求めている。

内点法は，線形最適化問題のみならず，半正定値最適化問題の解法として拡張され，現在大規模な半正定値最適化問題を解くために用いられている。

4.6.3 プログラムを用いた求解

ここまでで述べた線形最適化問題の問題例を Julia を用いて解くプログラムを**プログラム 4-1** に示した。線形最適化問題を記述するために `JuMP` を用いる。また，`JuMP` で記述した線形最適化問題を解くために `HiGHS` を用いる。`JuMP` を用いると，数式で表したほぼそのままのかたちで問題を記述することができる。プログラム 4-1 は，線形最適化問題 (4.5) を `JuMP` を用いて解くプログラムである。

プログラム 4-1（栄養素の問題 (4.5) を解くプログラム）

```
1  using JuMP, HiGHS
2  model = Model(HiGHS.Optimizer);
3  @variable(model, x1 >= 0);
4  @variable(model, x2 >= 0);
5  @objective(model, Min, 50x1 + 80x2);
6  @constraint(model, c1, 3x1 >= 6);
7  @constraint(model, c2, 2x1 + 4x2 >= 10);
8  @constraint(model, c3, 2x1 + 5x2 >=  8);
9  print(model);
10 optimize!(model);
11 @show termination_status(model);
12 @show objective_value(model);
13 @show value(x1), value(x2);
```

1 行目では，このプログラムで用いるパッケージである `JuMP` と `HiGHS` を `using` によって使えるようにしている。

2 行目では，問題 `model` を定めている。`JuMP` で数理最適化問題を表すには，まず，`Model()` によって空の問題を生成する。`Model()` にはいくつかの引数を指定することができるが，ここでは最適解を計算するソルバーとして `HiGHS` を用いることを指定している。そして，`Model()` の返り値を `model` とする。このようにすると，`model` により 2 行目で生成した数理最適化問題にアクセスできる。

最適化問題を表すために変数を用いるが，`JuMP` では `@variable()` を用いて変数を生成する。3，4 行目では，変数 x_1 に対応する `x1` と変数 x_2 に対応する

x2 を生成している。第 1 引数には，生成する変数を加える最適化問題を指定する。ここでは model を指定している。第 2 引数には，生成する変数の名前を指定する。ここでは x1 と x2 を指定している。変数を生成する際に，その変数のとりうる範囲を指定することができる。ここでは x_1，x_2 は非負変数としたいので，x1 >= 0，x2 >= 0 と指定している。

5 行目では，@objective() を用いて目的関数を定めている。第 1 引数には目的関数を定める問題 model を指定する。第 2 引数には，目的関数を最大化するか最小化するかを指定する。ここでは最小化したいので Min を指定するが，最大化したい場合は Max を指定する。第 3 引数には，目的関数 $\boldsymbol{c}^\top \boldsymbol{x}$ に対応する表現を指定する。ここでは 50x1 + 80x2 を指定する。プログラミング言語では，積を表すのに “*” 演算子を用いることがよくあるが，JuMP では目的関数や制約式に現れる数値と変数の積に “*” 演算子を用いる必要はない。したがって，30*x1 ではなく 30x1 と書けばよい。

6〜8 行目では，@constraint() を用いて 3 つの制約式を定めている。第 2 引数には，制約式の名前を指定する。予約語と重ならない範囲で自由にわかりやすい名前をつけるとよい。ここでは c1，c2，c3 としている。第 3 引数には，制約条件を表す線形不等式または線形等式を指定する。ここでは 3 つの不等式を “>=” を用いて定めているが，等式の場合は “==” を用いる。

9 行目では，8 行目までに定めた数理最適化問題 model を画面に表示している。print(model) を対話型実行環境で実行すると，**実行例 4.1** のように表示される。

実行例 4.1

```
julia> print(model)
Min 30 x1 + 80 x2
Subject to
 c1 : 3 x1 ≥ 6.0
 c2 : 2 x1 + 4 x2 ≥ 10.0
 c3 : 2 x1 + 5 x2 ≥ 8.0
 x1 ≥ 0.0
 x2 ≥ 0.0
```

実行例 4.1 の 2 行目には目的関数が示されている。3 行目の `Subject to` からが制約条件である。ここでは，3 つの不等式条件 `c1`，`c2`，`c3` が定められていることがわかる。また，2 つの変数の非負条件も確認できる。このようにして，意図通りに線形最適化問題が定められたことがわかった。

プログラム 4-1 の 10 行目では，定めた線形最適化問題をソルバーを用いて解いている。最適化問題 `model` を解くには，`optimize!(model)` を実行する。

11 行目の `@show termination_status(model)` では，線形最適化問題を解いた際の終了状態を画面に表示している。`termination_status(model)` の返り値が `OPTIMAL` であれば，最適解が求まったことを示している。

`termination_status(model)` の返り値には，この他に

(1)　`INFEASIBLE` （実行可能解がないことがわかった）

(2)　`INFEASIBLE_OR_UNBOUNDED` （問題に実行可能解がないか，または非有界であることがわかった）

がある。他にもいくつかの返り値があるが，`optimize!(model)` を実行した後，最適解を利用しようとする前には，`OPTIMAL` が得られていることを確認する必要がある。`OPTIMAL` でない場合は最適解は得られていない。

最適解が求まっていれば，`objective_value(model)` によって最適値を知ることができる。12 行目ではこの最適値を表示している。`termination_status(model)` が `OPTIMAL` であれば，その最適解の値は `value(x1)` と `value(x2)` で得ることができる。13 行目では，最適解における x_1 と x_2 の値を画面に表示している。

プログラム 4-1 を実行すると，**実行例 4.2** のような結果が得られる。

実行例 4.2

```
Min 50 x1 + 80 x2
Subject to
 c1 : 3 x1 ≥ 6.0
 c2 : 2 x1 ≥ 10.0
 c3 : 2 x1 + 5 x2 ≥ 8.0
 x1 ≥ 0.0
```

```
 x2 ≥ 0.0
Presolving model
2 rows, 2 cols, 4 nonzeros
2 rows, 2 cols, 4 nonzeros
Presolve : Reductions: rows 2(-1); columns 2(-0); elements 4(-1)
Solving the presolved LP
Using EKK dual simplex solver - serial
  Iteration        Objective         Infeasibilities num(sum)
          0     1.0000008593e+02     Pr: 2(10) 0s
          1     2.2000000000e+02     Pr: 0(0) 0s
Solving the original LP from the solution after postsolve
Model status       : Optimal
Simplex iterations: 1
Objective value    : 2.2000000000e+02
HiGHS run time     : 0.00
termination_status(model) = MathOptInterface.OPTIMAL
objective_value(model) = 220.0
(value(x1), value(x2)) = (2.0, 1.5)
```

実行例 4.2 では，8 行目の `Presolving model` から `optimize!(model)` の実行の様子が画面に表示されている。

ソルバー実行過程

```
Presolving model
2 rows, 2 cols, 4 nonzeros
2 rows, 2 cols, 4 nonzeros
Presolve : Reductions: rows 2(-1); columns 2(-0); elements 4(-1)
```

これは前処理の結果を示している。ほとんどのソルバーは，実際に最適化アルゴリズムを実行する前に入力されたデータをチェックして，効率的な計算のための前処理を行う。問題によっては，この前処理の段階で変数の数や制約式の数を少なくすることができる。もちろん，この前処理によって得られる最適解が変わることはない。

`Solving the presolved LP` の行からは，実際の線形最適化問題を解く過程を示している。つぎの行は，線形最適化問題を解くために用いる最適化アルゴリズムを示している。`dual simplex` とあるので，双対単体法を用いていることがわかる。

使用アルゴリズム

```
Using EKK dual simplex solver - serial
```

そのつぎの行からは，単体法の反復の様子を示している。

反復過程

```
Iteration        Objective     Infeasibilities num(sum)
```

`Iteration` の行が `1` で終わっているので，1 回の反復が実行されたことがわかる。

`Model status : Optimal` は，最適化アルゴリズムの実行の結果，最適解が得られたことを示している。

続く行は，それぞれ，単体法の反復が 1 回，最適値が 220，ソルバーの実行時間が 0.005 秒未満であることを示している。

計算結果

```
Simplex iterations: 1
Objective value   : 2.2000000000e+02
HiGHS run time    : 0.00
```

`HiGHS run time` の値は `0.00` となっているが，これは四捨五入すると 0.00 となる実行時間であるということなので，実際の実行時間は 0.005 未満であることがわかる。

`objective_value(model) = 220.0` 以降の行は，プログラム 4-1 の 12 行目以降の実行結果である。この結果を見ると，最適解 $(x_1, x_2) = (2.0, 1.5)$ が得られ，最適値が 220.0 であることがわかる。

プログラム 4-1 の 2 行目ではソルバー `HiGHS` を指定した。このとき，もし適切なソルバーが設定されていなければ，`optimize!(model)` の実行に失敗する。例えば，2 行目で `model = Model(HiGHS.Optimizer)` の代わりに引数を指定せずに

問題の生成

```
model = Model()
```

を実行したとする。この命令ではソルバーが指定されていない。その上で，3～9 行目までを同じく実行したうえで `optimize!(model)` を実行すると

ソルバーが指定されていないことによるエラー

```
ERROR: NoOptimizer()
```

と表示されて，問題を解くことができない。

プログラム 4-1 では，線形最適化問題の制約式を不等式として 1 つずつ入力した。一方，`JuMP` では，行列・ベクトル形式によって線形最適化問題を定めることもできる。**プログラム 4-2** は，線形最適化問題の問題例を定める行列 $\boldsymbol{A}$，$\boldsymbol{b}$，$\boldsymbol{c}$ を与えるプログラムである。

プログラム 4-2（行列・ベクトル形式で線形最適化問題を解くプログラム）

```
1  using HiGHS, JuMP
2  mv_model = Model(HiGHS.Optimizer)
3  A = [
4      -3  0
5      -2 -4
6      -2 -5
7  ];
8  b=[-6; -10; -8];
9  c=[50; 80];
10 @variable(mv_model, x[1:2] >= 0);
11 @constraint(mv_model,A*x .<= b);
12 @objective(mv_model, Min, c’*x);
13 optimize!(mv_model);
14 @show termination_status(mv_model);
15 @show value(x1), value(x2);
```

プログラム 4-2 では，3～7 行目で 3 × 2 の行列 `A` を定めている。このように書くことで，`A` は `3x2 Matrix{Int64}` として定められる。同様に，`b` は `3-element Vector{Int64}`，`c` は `2-element Vector{Int64}` として定められる。10 行目では，`x` という名前で 2 次元の非負変数を定めている。プログラム 4-1 では，2 つの変数をそれぞれ `x1` と `x2` として生成した。一方，プログラム 4-2 では，同じ名前 `x` で異なる添え字の変数，すなわち `x[1]` と `x[2]` として生成する。`x[1:2]` の括弧内に指定した `1:2` は，1～2 までの 1 おきの整数を表す。そし

て x[1:2] は，これらの整数それぞれを添え字とする変数の配列を表す。また，>= 0 をつけることで非負条件を課している。11 行目では，制約式 $\boldsymbol{Ax} \leq \boldsymbol{b}$ を定めている。左辺に現れる A*x は，行列 A とベクトル x の積を表す。ここでは行列とベクトルの積を表すので，“*” 演算子が必要である。その返り値は 3-element Vector{AffExpr} であり，対話型実行環境で画面に表示すると，**実行例 4.3** のようになる。

実行例 4.3

```
julia> A*x
3-element Vector{AffExpr}:
 -3 x[1]
 -2 x[1] - 4 x[2]
 -2 x[1] - 5 x[2]
```

AffExpr は，このベクトルの各要素が**アフィン表現**であることを示している。アフィン表現とは，線形関数にスカラー値を足したものである。プログラム 4-2 の 11 行目では，A*x .<= b と，不等号 <= の前に “.” がついていることに注意してほしい。この記号は，成分ごとに <= 演算子を適用することを示している。したがって，左辺のベクトルと右辺のベクトルの各要素について不等号が成り立つことを課している。b は 3-element Vector{Int64} であり，その 3 つの要素の値は -6，-10，-8 である。したがって，Ax .<= b という表現は

(1)　-3 x[1] <= -6

(2)　-2 x[1] - 4 x[2] <= -10

(3)　-2 x[1] - 5 x[2] <= -8

がそれぞれ成り立つことを課している。

プログラム 4-2 を実行することで，**実行例 4.4** の結果を得る。

実行例 4.4

```
Presolving model
2 rows, 2 cols, 4 nonzeros
2 rows, 2 cols, 4 nonzeros
Presolve : Reductions: rows 2(-1); columns 2(-0); elements 4(-1)
Solving the presolved LP
Using EKK dual simplex solver - serial
```

```
  Iteration        Objective       Infeasibilities num(sum)
          0     1.0000008593e+02     Pr: 2(10) 0s
          1     2.2000000000e+02     Pr: 0(0) 0s
Solving the original LP from the solution after postsolve
Model status      : Optimal
Simplex iterations: 1
Objective value   : 2.2000000000e+02
HiGHS run time    : 0.00
termination_status(mv_model) = MathOptInterface.OPTIMAL
objective_value(mv_model) = 220.0
(value(x1), value(x2)) = (2.0, 1.5)
```

これより，最適値として 220.0 が得られていることがわかる。

ここでは，1 から始まる整数を添え字とした変数 x[1]，x[2] を用いた。添え字を用いてアクセスする変数を生成するには，つぎの命令を用いる。

1 から始まる整数の添え字でアクセスする変数の生成

```
@variable(mv_model, x[1:2] >= 0);
```

このように，1 から始まる整数の添え字を用いた場合，JuMP の配列（Array）が生成される。これは，2 つ以上の添え字をもつ場合も同様である。例えば，2 つの添え字をもつ変数を JuMP の配列として定めるには，つぎのようにする。

2 つの添え字をもつ変数の生成 1

```
@variable(model, x[1:2, 1:2]);
```

このようにすると，各要素が変数へのリファレンスである 2×2 の行列が得られる。対話型実行環境で実行すると，つぎのように表示される。

2 つの添え字をもつ変数の生成 2

```
julia> @variable(model, x[1:2, 1:2])
2x2 Matrix{VariableRef}:
 x[1,1]  x[1,2]
 x[2,1]  x[2,2]
```

添え字として，1 から始まる整数以外のものを用いたほうが便利な場合がある。JuMP では 1 から始まる整数以外のものを変数の添え字とすることができる。この場合は，JuMP の配列ではなく，DenseAxisArray とよばれるデータ型となる。例えば，1 番目の添え字が 2 と 3，2 番目の添え字が 4，6，8 である変数を定めるには，つぎのようにする。

1 から始まる整数以外の添え字をもつ変数の生成

```
@variable(model, x[2:3, 4:2:8]);
```

ここで，4:2:8 は，4 から始めて 2 の間隔で 8 までの値をとる列を生成しているので，4，6，8 を表す。この命令を対話型実行環境で実行した結果は，**実行例 4.5** のようになる。

実行例 4.5

```
julia> @variable(model,x[2:3, 4:2:8])
2-dimensional DenseAxisArray{VariableRef,2,...} with index sets:
    Dimension 1, 2:3
    Dimension 2, 4:2:8
And data, a 2x3 Matrix{VariableRef}:
 x[2,4]  x[2,6]  x[2,8]
 x[3,4]  x[3,6]  x[3,8]
```

最初の添え字は Dimension 1 の行に表示されている 2:3 であり，2 番目の添え字は Dimension 2 の行に表示されている 4:2:8 であることがわかる。生成されたのは 2×3 の行列であり，各要素の添え字も x[2,4] などと確認できる。

添え字は整数である必要はなく，Julia で用いられる型であればよい。例えば，["神奈川","町田"] というベクトルの要素を添え字とすることもできる。**実行例 4.6** は，このようなリストを用いる例である。

実行例 4.6

```
julia> @variable(model,x[2:3, ["神奈川", "町田"]])
2-dimensional DenseAxisArray{VariableRef,2,...} with index sets:
    Dimension 1, 2:3
    Dimension 2, ["神奈川", "町田"]
And data, a 2x2 Matrix{VariableRef}:
 x[2,神奈川]  x[2,町田]
 x[3,神奈川]  x[3,町田]
```

変数の宣言方法としてはこの他に，SparseAxisArray とよばれるものがある。

これは，Array や DenseAxisArray と異なり，添え字が連続には変化しない場合に用いる。例えば，1 番目の添え字は 1，2，3 と 1～3 までの整数をとるが，2 番目の添え字は 1 番目の添え字よりも大きいものだけをとる，というような場合である。2 番目の添え字を定めるには，1 番目の添え字を用いた条件式を用いることができる。例えば，つぎのプログラムでは，j の範囲を i～3 までの整数としている。

2 番目の添え字の範囲が 1 番目の添え字に依存する変数

```
julia> @variable(model, x[i = 1:3, j = i:3])
```

この命令によって変数を生成すると，**実行例 4.7** のように 6 つの要素をもつ SparseAxisArray が生成される。

実行例 4.7

```
julia> @variable(model, x[i = 1:3, j = i:3])
JuMP.Containers.SparseAxisArray{VariableRef, 2, Tuple{Int64, Int64}}
  with 6 entries:
[1, 1]  =  x[1,1]
[1, 2]  =  x[1,2]
[1, 3]  =  x[1,3]
[2, 2]  =  x[2,2]
[2, 3]  =  x[2,3]
[3, 3]  =  x[3,3]
```

SparseAxisArray は，Array や DenseAxisArray と異なり，1 番目の添え字を行，2 番目の添え字を列とみなして各要素を並べたときに，長方形にならないことが特徴的である。SparseAxisArray で表される代表的なものとして，上三角行列が挙げられる。

DenseAxisArray，SparseAxisArray の仕組みは，制約式を定める際にも同様に用いることができる。

4.6.4 実行可能な問題例の生成

数理最適化問題では，ソフトウェアの性能評価や，新たに開発したアルゴリズムの性能評価などで，実行可能な問題例を生成したい場合がある。線形最適化問題では，行列 $\boldsymbol{A}$，$\boldsymbol{b}$，$\boldsymbol{c}$ の値を具体的に定めることで問題例を生成することができる。ただし，$\boldsymbol{A}$，$\boldsymbol{b}$，$\boldsymbol{c}$ の値をやみくもに，例えば単に擬似乱数を用いて生成しても，実行可能な問題になるとは限らない。**プログラム 4-3** に示すのは，$m = 20$，$n = 100$ とし，$\boldsymbol{A}$，$\boldsymbol{b}$，$\boldsymbol{c}$ を擬似乱数を用いて生成することで定めた線形最適化問題を解くプログラムである。

プログラム 4-3（擬似乱数を用いて生成した線形最適化問題を解くプログラム）

```
using Random
using HiGHS, JuMP
m = 20;
n = 100;
A = rand(Float64, (m, n));
b = rand(Float64, m);
c = rand(Float64, n);
rmodel = Model(HiGHS.Optimizer);
@variable(rmodel, x[1:n] >= 0);
@constraint(rmodel,A*x .== b);
@objective(rmodel, Min, c'*x);
optimize!(rmodel);
@show termination_status(rmodel);
```

プログラム 4-3 を実行した結果は，**実行例 4.8** のようになる。

実行例 4.8

```
Presolving model
20 rows, 100 cols, 2000 nonzeros
20 rows, 100 cols, 2000 nonzeros
Presolve : Reductions: rows 20(-0); columns 100(-0); elements 2000(-0)
Solving the presolved LP
Using EKK dual simplex solver - serial
  Iteration        Objective        Infeasibilities num(sum)
          0     0.0000000000e+00      Pr: 20(7.61348) 0s
         28     4.2097390229e+01      0s
Model status      : Infeasible
Simplex iterations: 28
Objective value   : 4.2096880238e+01
HiGHS run time    : 0.00
ERROR: No invertible representation for getDualRay
termination_status(rmodel) = MathOptInterface.INFEASIBLE
```

`termination_status(rmodel)` は `MathOptInterface.INFEASIBLE` となってお

り，生成された問題例は実行可能でないことがわかる。

実行可能な問題例を生成するには，あらかじめ行列 $\boldsymbol{A}$ を擬似乱数で生成した後，非負条件 $\boldsymbol{x} \geqq \boldsymbol{0}$ を明らかに満たすベクトル $\boldsymbol{x}$ を生成し，それらを用いて残りの定数 $\boldsymbol{b}$ を生成すればよい。**プログラム 4-4** では，擬似乱数で行列 $\boldsymbol{A}$ とベクトル $\boldsymbol{c}$ を生成した後，成分がすべて 1 の n 次元ベクトルを $\boldsymbol{A}$ の右から掛けることでベクトル $\boldsymbol{b}$ を生成する例を示す。

プログラム 4-4（擬似乱数を用いた実行可能な問題例の生成）

```
A = rand(Float64, (m, n))
b = A*ones(Float64, n)
c = rand(Float64, n)
```

プログラム 4-3 において，5〜7 行目で A，b，c を定める部分をプログラム 4-4 で置き換えたプログラムの実行例が，**実行例 4.9** である。

実行例 4.9

```
Presolving model
20 rows, 100 cols, 2000 nonzeros
20 rows, 100 cols, 2000 nonzeros
Presolve : Reductions: rows 20(-0); columns 100(-0); elements 2000(-0)
Solving the presolved LP
Using EKK dual simplex solver - serial
  Iteration        Objective          Infeasibilities num(sum)
          0     0.0000000000e+00      Pr: 20(1275.84) 0s
         28     1.3775912436e+01      Pr: 0(0) 0s
Solving the original LP from the solution after postsolve
Model status        : Optimal
Simplex iterations: 28
Objective value     : 1.3775912436e+01
HiGHS run time      : 0.00
termination_status(rmodel) = MathOptInterface.OPTIMAL
```

Model status が Optimal であるので，最適解が得られていることがわかる。この方法で生成した $\boldsymbol{A}$，$\boldsymbol{b}$，$\boldsymbol{c}$ で定められる問題例は，すべての要素が 1 であるベクトルが明らかに実行可能であるから，実行可能解をもつ問題例となっている。このように，実行可能な問題例を作りたい場合は，明らかな実行可能解を 1 つ設定し，それを手掛かりに定数の値を定めていくとよい。この実行可能な問題例の生成方針は，線形最適化問題以外にも適用することができる。

4.7 双対問題

線形最適化問題が 1 つあると，それに付随してもう 1 つの線形最適化問題が定まる。ここでは，つぎの線形最適化問題 (4.12) を扱う。

$$\begin{cases} \text{最大化} \quad : 3x_1 + 5x_2 + 4x_3 \\ \text{制約条件} : 2x_1 + x_2 + 3x_3 \leqq 6 \\ \qquad\qquad\quad 3x_1 - 2x_2 + x_3 \leqq 7 \\ \qquad\qquad\quad x_2 + 2x_3 \leqq 5 \\ \qquad\qquad\quad x_1, x_2, x_3 \geqq 0 \end{cases} \tag{4.12}$$

この問題をベクトルを用いて表すには，式 (4.13) の通りに定める。

$$\boldsymbol{c} = \begin{bmatrix} 3 \\ 5 \\ 4 \end{bmatrix}, \quad \boldsymbol{a}_1 = \begin{bmatrix} 2 \\ 1 \\ 3 \end{bmatrix}, \quad \boldsymbol{a}_2 = \begin{bmatrix} 3 \\ -2 \\ 1 \end{bmatrix}, \quad \boldsymbol{a}_3 = \begin{bmatrix} 0 \\ 1 \\ 2 \end{bmatrix}, \quad \boldsymbol{b} = \begin{bmatrix} 6 \\ 7 \\ 5 \end{bmatrix} \tag{4.13}$$

これらのベクトルを用いることで，問題 (4.12) は問題 (4.14) の形に表すことができる。

$$\begin{cases} \text{最大化} \quad : \boldsymbol{c}^\top \boldsymbol{x} \\ \text{制約条件} : \boldsymbol{a}_i^\top \boldsymbol{x} \leqq b_i \qquad (i = 1, 2, 3) \\ \qquad\qquad\quad \boldsymbol{x} \geqq \boldsymbol{0} \end{cases} \tag{4.14}$$

この線形最適化問題を解く前に，目的関数の値がどのくらいの値になるかの目安をつけたいとする。まず，最初の制約式 $2x_1 + x_2 + 3x_3 \leqq 6$ に注目する。この制約式の左辺の各変数の係数を，目的関数における各変数の係数と比較する。目的関数において，x_1 の係数 3 は制約式における係数 2 の 3/2 倍，x_2 の係数 5 は制約式における係数 1 の 5/1 倍，x_3 の係数 4 は制約式における係数 3 の 4/3 倍である。そこで，この制約式の両辺を $\max\{3/2, 5/1, 4/3\} = 5$ 倍する。そのようにすると，不等式 (4.15) が得られる。

$$10x_1 + 5x_2 + 15x_3 \leqq 30 \tag{4.15}$$

この左辺を目的関数と比較すると

$$3x_1 + 5x_2 + 4x_3 \leqq 10x_1 + 5x_2 + 15x_3 \leqq 30$$

であるから，目的関数の値は 30 以下であることがわかる。他にも，1 番目の制約式の 2 倍と 3 番目の制約式の 3 倍を足すと

$$4x_1 + 5x_2 + 12x_3 \leqq 12 + 15 = 27$$

であり，さらに $3x_1 + 5x_2 + 4x_3 \leqq 4x_1 + 5x_2 + 12x_3$ であるから，目的関数の値は 27 以下であることがわかる。

この作業は永遠に繰り返すことができるが，では，どのような組合せが最もよいだろうか。この組合せを求めるために，つぎのことを考える。

1 番目の制約式に非負の変数 y_1 を導入して両辺に掛ける。同様に，2 番目の制約式に y_2，3 番目の制約式に y_3 を導入して，それぞれの両辺に掛ける（式 (4.16)）。

$$\begin{cases} y_1(2x_1 + x_2 + 3x_3) \leqq 6y_1 \\ y_2(3x_1 - 2x_2 + x_3) \leqq 7y_2 \\ y_3(x_2 + 2x_3) \leqq 5y_3 \end{cases} \tag{4.16}$$

そして，3 つの不等式の両辺を足す。すると，不等式 (4.17) が得られる。

$$\begin{aligned} &(2y_1 + 3y_2)x_1 + (y_l - 2y_2 + y_3)x_2 + (3y_1 + y_2 + 2y_3)x_3 \\ &\quad \leqq 6y_1 + 7y_2 + 5y_3 \end{aligned} \tag{4.17}$$

この式で $y_1 = 5$，$y_2 = y_3 = 0$ とすると，最初の上界 30 を得る。$y_1 = 2$，$y_2 = 0$，$y_3 = 3$ とすると，2 番目の上界 27 を得る。不等式 (4.17) の左辺を線形最適化問題 (4.12) の目的関数と比較すると

$$\begin{aligned} &3x_1 + 5x_2 + 4x_3 \\ &\quad \leqq (2y_1 + 3y_2)x_1 + (y_1 - 2y_2 + y_3)x_2 + (3y_1 + y_2 + 2y_3)x_3 \end{aligned} \tag{4.18}$$

が成り立てば，$3x_1+5x_2+4x_3 \leqq 6y_1+7y_2+5y_3$ が成り立つので，$6y_1+7y_2+5y_3$ が線形最適化問題 (4.12) の最適値の上界を与えることがわかる。不等式 (4.18) が成り立つためには，x_1，x_2，x_3 の各係数を比較し

$$\begin{aligned} &3 \leqq 2y_1+3y_2 \\ &5 \leqq y_1-2y_2+y_3 \\ &4 \leqq 3y_1+y_2+2y_3 \end{aligned} \tag{4.19}$$

が成り立てばよい。そこで，$6y_1+7y_2+5y_3$ によって最もよい上界を得るには，つぎの最適化問題 (4.20) を解けばよい。

$$\left\{\begin{aligned} &\text{最小化} &&: 6y_1+7y_2+5y_3 \\ &\text{制約条件} &&: 2y_1+3y_2 \geqq 3 \\ &&& \quad y_1-2y_2+y_3 \geqq 5 \\ &&& \quad 3y_1+y_2+2y_3 \geqq 4 \\ &&& \quad y_1, y_2, y_3 \geqq 0 \end{aligned}\right. \tag{4.20}$$

これは，線形最適化問題である。このようにして，線形最適化問題 (4.12) に対してもう 1 つの線形最適化問題 (4.20) が得られた。この問題 (4.20) を，**双対問題**とよぶ。これに対して，元の問題 (4.12) を**主問題**とよぶ。

双対問題 (4.20) は，ベクトルを用いると問題 (4.21) で表される。

$$\left\{\begin{aligned} &\text{最小化} &&: 6y_1+7y_2+5y_3 \\ &\text{制約条件} &&: y_1\begin{bmatrix}2\\1\\3\end{bmatrix}+y_2\begin{bmatrix}3\\-2\\1\end{bmatrix}+y_3\begin{bmatrix}0\\1\\2\end{bmatrix} \geqq \begin{bmatrix}3\\5\\4\end{bmatrix} \\ &&& \quad y_1, y_2, y_3 \geqq 0 \end{aligned}\right. \tag{4.21}$$

さらに，ベクトルの記号を用いると

$$\left\{\begin{aligned} &\text{最小化} &&: \boldsymbol{b}^\top \boldsymbol{y} \\ &\text{制約条件} &&: \sum_{i=1}^{3} y_i \boldsymbol{a}_i - \boldsymbol{c} \geqq \boldsymbol{0} \\ &&& \quad y_i \geqq 0 \qquad (i=1,2,3) \end{aligned}\right.$$

と表される。

プログラム 4-5 に示したのは，双対問題 (4.20) を解くためのプログラムである。

プログラム 4-5（双対問題 (4.20) を解くプログラム）

```
1  using JuMP, HiGHS
2
3  model = Model(HiGHS.Optimizer);
4  @variable(model, y1 >= 0);
5  @variable(model, y2 >= 0);
6  @variable(model, y3 >= 0);
7  @objective(model, Min, 6y1 + 7y2 + 5y3);
8  @constraint(model, c1, 2y1 + 3y2 >= 3);
9  @constraint(model, c2,  y1 - 2y2 +  y3 >= 5);
10 @constraint(model, c3, 3y1 +  y2 + 2y3 >= 4);
11 set_silent(model);
12 optimize!(model);
13 @show termination_status(model);
14 @show objective_value(model);
15 @show value(y1),value(y2),value(y3);
```

ここで，11 行目の `set_silent(model)` では，最適化の実行過程を画面に表示しないようにしている。

プログラム 4-5 の実行例は，**実行例 4.10** の通りである。

実行例 4.10

```
termination_status(model) = MathOptInterface.OPTIMAL
objective_value(model) = 26.5
(value(y1), value(y2), value(y3)) = (1.5, 0.0, 3.5)
```

これから，問題 (4.20) の最適値は `26.5` であることがわかる。3 つの不等式 (4.16) において，$(y_1, y_2, y_3) = (1.5, 0.0, 3.5)$ として両辺を足すと，左辺が $3x_1 + 5x_2 + 11.5x_3$ となり，右辺が 26.5 となる。これで，3 つの不等式の最もよい組合せ方は，最初の不等式の 1.5 倍と 3 番目の不等式の 3.5 倍を足すことであることがわかった。

では，主問題 (4.12) の最適値はいくつだろうか。**プログラム 4-6** で主問題 (4.12) を解く。

プログラム 4-6（主問題 (4.12) を解くプログラム）

```
using JuMP, HiGHS

model = Model(HiGHS.Optimizer);
@variable(model, x1 >= 0);
@variable(model, x2 >= 0);
@variable(model, x3 >= 0);
@objective(model, Max, 3x1 + 5x2 + 4x3);
@constraint(model, c1, 2x1 +  x2 + 3x3 <= 6);
@constraint(model, c2, 3x1 - 2x2 +  x3 <= 7);
@constraint(model, c3,  x2 + 2x3 <= 5);
set_silent(model);
optimize!(model);
@show termination_status(model);
@show objective_value(model);
@show value(x1),value(x2),value(x3);
```

プログラム 4-6 の実行例が，**実行例 4.11** である。

実行例 4.11

```
termination_status(model) = MathOptInterface.OPTIMAL
objective_value(model) = 26.5
(value(x1), value(x2), value(x3)) = (0.5, 5.0, 0.0)
```

これより，主問題の最適値も `26.5` であることがわかる。

主問題の最適値と双対問題の最適値が一致することは偶然ではなく，線形最適化問題では主問題と双対問題との間につぎの関係がある。

定理 4.1 線形最適化問題の主問題が最適解をもつならば，その双対問題も最適解をもち，2 つの問題の最適値は等しい。

この定理の証明にはいくつかの準備が必要であり，本書の範囲を超えるので，線形最適化の理論を述べた書籍を参照してほしい。

4.8 潜在価格

線形最適化問題を解くと，各制約式に対して**潜在価格**が定められる。潜在価格は，`shadow_price()` により得られる。**プログラム 4-7** では，線形最適化問題 (4.12) を解き，3 つの制約式のそれぞれに対して潜在価格を表示している。

プログラム 4-7（潜在価格を表示するプログラム）

```
1  using JuMP, HiGHS
2
3  model = Model(HiGHS.Optimizer);
4  @variable(model, x1 > =0);
5  @variable(model, x2 > =0);
6  @variable(model, x3 > =0);
7  @objective(model, Max, 3x1 + 5x2 + 4x3);
8  @constraint(model, c1, 2x1 +  x2 + 3x3 <= 6);
9  @constraint(model, c2, 3x1 - 2x2 +  x3  <= 7);
10 @constraint(model, c3,  x2 + 2x3 <= 5);
11 set_silent(model);
12 optimize!(model);
13 @show termination_status(model);
14 @show objective_value(model);
15 @show shadow_price(c1),shadow_price(c2),shadow_price(c3);
16 @show value(x1),value(x2),value(x3);
```

このプログラムを実行すると，**実行例 4.12** が得られる。

実行例 4.12

```
termination_status(model) = MathOptInterface.OPTIMAL
objective_value(model) = 26.5
(shadow_price(c1), shadow_price(c2), shadow_price(c3)) = (1.5, -0.0,
3.5)
(value(x1), value(x2), value(x3)) = (0.5, 5.0, 0.0)
```

この最適化問題の最適解 $\boldsymbol{x}^*$ は $(x_1^*, x_2^*, x_3^*) = (0.5, 5.0, 0.0)$ となる。

プログラム 4-7 では，まず 8〜10 行目で 3 つの制約式にそれぞれ `c1`，`c2`，`c3` という名前をつけている。そして，15 行目で `shadow_price()` を用いて各制約式の潜在価格を表示している。

制約式の潜在価格は，その制約式の右辺の値を1だけ大きくしたときに，最適値がどれだけ大きくなるかを示している。試しに，プログラム4-7において最初の制約式 c1 の右辺を6から7に増やしてプログラムを実行する。すると，**実行例 4.13** が得られる。

実行例 4.13

```
termination_status(model) = MathOptInterface.OPTIMAL
objective_value(model) = 28.0
(shadow_price(c1), shadow_price(c2), shadow_price(c3)) = (1.5, -0.0,
3.5)
(value(x1), value(x2), value(x3)) = (1.0, 5.0, 0.0)
```

この結果を見ると，最適解における x_1 の値が0.5大きくなり，最適値が 26.5 から 28.0 まで1.5だけ増えていることがわかる。この1.5は制約式 c1 の潜在価格に等しい。実行例4.13でもまた c1 の潜在価格は0より大きく1.5である。そこで，c1 の右辺をさらに7から8に増やす。そのようにして問題を解いて得られるのが**実行例 4.14** である。

実行例 4.14

```
termination_status(model) = MathOptInterface.OPTIMAL
objective_value(model) = 29.5
(shadow_price(c1), shadow_price(c2), shadow_price(c3)) = (1.5, -0.0,
3.5)
(value(x1), value(x2), value(x3)) = (1.5, 5.0, 0.0)
```

やはり，最適解は 28.0 から 29.5 まで潜在価格1.5の分だけ大きくなった。

ここまでで，制約式 c1 の右辺を6，7，8と増やしてきたが，これを16まで大きくしても潜在価格は $(1.5, 0.0, 3.5)$ で変わらない。そして，このときの最適値は41.5，最適解は $(5.5, 5.0, 0.0)$ である。つぎに，16から17にすると，潜在価格は $(0.0, 1.0, 7.0)$ と変わる。このときの最適値は42，最適解は $(5.67, 5.0, 0.0)$ である。そして，制約式 c1 の潜在価格は0に変わる。したがって，c1 の右辺の値をこれ以上大きくしても，もう最適値は変わらない。実際，右辺を18に変えて実行すると，最適値は42で17のときと同じである。

では，最初の制約式 c1 の右辺を元の6に戻して，今度は2番目の制約式 c2 の右辺を7から8に増やして問題を解く。いま，c2 の潜在価格は0であることに注意する。そのようにすると，**実行例 4.15** を得る。

実行例 4.15

```
termination_status(model) = MathOptInterface.OPTIMAL
objective_value(model) = 26.5
(shadow_price(c1), shadow_price(c2), shadow_price(c3)) = (1.5, -0.0,
3.5)
(value(x1), value(x2), value(x3)) = (0.5, 5.0, 0.0)
```

この結果を見ると，最適値は `26.5` であり，`c2` の右辺が 7 のときと変わっていないことがわかる。このように，潜在価格は制約式の右辺の変化に対する最適値の変化の度合を示している。

4.9 輸送最適化問題

線形最適化問題として定式化できるよく知られた問題の 1 つとして，**輸送最適化問題**が挙げられる。これは，複数の倉庫から複数の工場に部品を輸送する問題である。**図 4.1** に，3 つの倉庫から 4 つの工場に輸送を行う輸送最適化問題の様子を図示した。各工場は，倉庫から運ばれた部品を用いて，製品を組み立てるとする。各工場には必要な部品の数があり，これを需要とする。各倉庫には運び出すことができる最大数があり，これを供給とする。

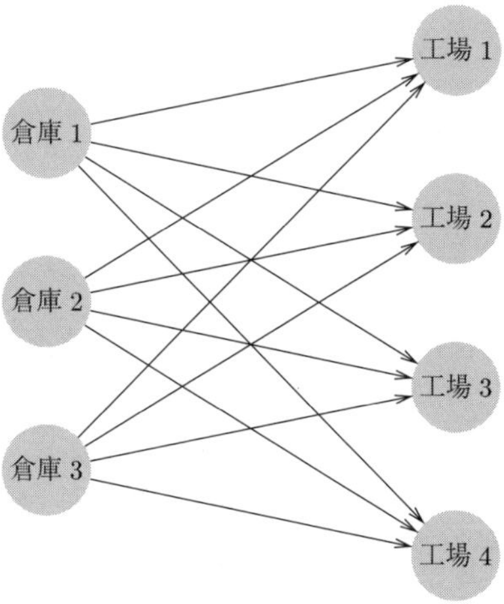

図 4.1 輸送最適化問題

まず，倉庫からなる集合を I，工場からなる集合を J とする。そして，倉庫 $i \in I$ から工場 $j \in J$ に単位量の部品を運ぶ輸送費を c_{ij} とする。変数としては，倉庫 $i \in I$ から工場 $j \in J$ への輸送量を表す非負変数 x_{ij} を定める。さらに，倉庫 $i \in I$ の供給量を s_i，工場 $j \in J$ の需要量を d_j とする。目的は，倉庫から工場への部品の輸送費の最小化とする。このようにすると，輸送最適化問題は，つぎの線形最適化問題として定式化できる。

$$
\left\{
\begin{array}{lll}
\text{最小化} : & \displaystyle\sum_{i\in I}\sum_{j\in J} c_{ij}x_{ij} & \qquad (4.22) \\
\text{制約条件} : & \displaystyle\sum_{j\in J} x_{ij} \leqq s_i \qquad (\forall i \in I) & \qquad (4.23) \\
& \displaystyle\sum_{i\in I} x_{ij} = d_j \qquad (\forall j \in J) & \qquad (4.24) \\
& x_{ij} \geqq 0 \qquad (\forall i \in I, \quad \forall j \in J) & \qquad (4.25)
\end{array}
\right.
$$

これを JuMP を用いて解く。擬似乱数を用いて生成した輸送最適化問題を解くプログラムを**プログラム 4-8** に示した。

プログラム 4-8（輸送最適化問題）

```
1  using Random
2  using JuMP, HiGHS
3
4  Random.seed!(3);
5  nw, nf = 3, 4;
6  I = 1:nw;
7  J = 1:nf;
8  supply = rand(40:60, nw);
9  demand = rand(20:30, nf);
10 cost = rand(10:20, (nw, nf));
11 model = Model(HiGHS.Optimizer);
12 @variable(model, x[I,J] >= 0);
13 @objective(model, Min, sum(cost[i,j]*x[i,j] for i in I for j in J));
14 @constraint(model, [i in I], sum(x[i,:]) <= supply[i]);
15 @constraint(model, [j in J], sum(x[:,j]) == demand[j]);
16 set_silent(model);
17 optimize!(model);
18 @show termination_status(model);
19 @show objective_value(model);
20 for i in I, j in J
21     if value(x[i,j]) > 1e-5
22         println("$i -> $j : ", value(x[i,j]));
23     end
24 end
```

4 行目では，**擬似乱数の種**を 3 を用いて設定している。ここで用いるのは擬似乱数であり，本当にランダムな乱数ではない。擬似乱数はコンピューター内での計算によって得られるものである。その計算のための種を Random.seed!(3) によって設定している。この数値が同じであれば，擬似乱数を用いて生成した問題例としてつねに同じものが得られる。もし異なる問題例を生成したければ，この種の設定に 3 以外の値を用いればよい。

倉庫数は 3 とし，nw で表す。倉庫の名前はそれぞれ 1，2，3 とし，I で表す。また，工場数は 4 とし，nf で表す。工場の名前はそれぞれ 1，2，3，4 とし，J で表す。8～10 行目では，供給量を表す supply，需要量を表す demand，輸送費を表す cost をそれぞれ擬似乱数によって生成している。supply を生成するために rand(40:60, nw) を用いている。これは，第 1 引数に指定した範囲の擬似乱数を要素とする第 2 引数で指定したサイズのベクトルを生成するものである。いま，nw は 3 なので，40 以上 60 以下の 3 つの要素をもつベクトルが得られる。輸送費を表す cost を生成する際には，rand() の第 2 引数に (nw, nf) を指定している。いま，nw は 3，nf は 4 なので，3 × 4 の Matrix が得られる。そして，cost[i,j] を倉庫 i から工場 j の輸送費とする。

変数は非負変数として 12 行目の命令で生成する。このとき，第 2 引数に x[I,J] >= 0 を指定している。I は 1:nw，J は 1:nf と定めているので，1 番目の添え字は 1～nw までの各整数 i，2 番目の添え字は 1～nf までの各整数 j をとる 2 次元の変数 x[i,j] が生成される。この変数 x は 2 次元の DenseAxisArray であり，1 番目の添え字と 2 番目の添え字に沿って各要素を並べると，長方形になる。変数 x を DenseAxisArray として生成する例が**実行例 4.16** である。

実行例 4.16

```
julia> @variable(model, x[I,J] >= 0)
2-dimensional DenseAxisArray{VariableRef,2,...} with index sets:
    Dimension 1, 1:3
    Dimension 2, 1:4
And data, a 3x4 Matrix{VariableRef}:
 x[1,1]  x[1,2]  x[1,3]  x[1,4]
 x[2,1]  x[2,2]  x[2,3]  x[2,4]
 x[3,1]  x[3,2]  x[3,3]  x[3,4]
```

このようにして生成した定数 cost と変数 x は，ともに添え字として [i,j] を用いることができる。したがって，目的関数を定める際には c[i,j]*x[i,j] という表現を用いることができ，見通しがよい。

目的関数は，プログラム 4-8 の 13 行目のように書くことができる。第 3 引数は

目的関数

```
sum(cost[i,j]*x[i,j] for i in I for j in J)
```

としている。これは，目的関数 (4.22) を JuMP の記法で表したものである。目的関数 (4.22) では和の記号を 2 回用いている。1 番目の和の記号は，I の要素 i についての和をとることを表している。これに対応するのが for i in I である。そして，2 番目の和の記号は J の要素 j についての和をとることを表しているが，これに対応するのが for j in J である。これらを続けて用いることで，I の要素 i と J の要素 j についての和をとることを表している。

14，15 行目では制約式を定めている。14 行目は供給に関する制約式 (4.23) を表したものである。この制約式は，I の各要素 i に対して定める必要がある。このために，@constraint() の 2 番目の引数を [i in I] としている。これは，I の各要素 i に対して，3 番目の引数で与える制約 sum(x[i,:]) <= supply[i] を課すための仕組みである。制約は i に依存してもよい。x[i,:] は，最初の添え字が i である x のすべての要素を表す。そして，sum() は引数として与えたものの和を求めるものであるから，確かに sum(x[i,:]) によってこの数式の左辺が表されている。

17 行目は，16 行目までで定めた線形最適化問題 model を解く命令であり，18 行目では最適化の終了状態を画面に表示している。19〜24 行目では実際に得られた最適解の情報を画面に表示しており，19 行目では最適値を表示している。20〜24 行目では最適解において 0 でない変数の値を表示しており，21 行目の if 文では，x[i,j] の値が 0 であるか否かを判定している。この式が value(x[i,j]) == 0 でなく value(x[i,j]) > 1e-5 であるのは数値誤差のためである。コン

ピューターで浮動小数点を用いて計算を実行すると，表現の誤差や計算の誤差によって理論的には 0 である値も，非常に小さい絶対値をもつ非ゼロの値，例えば 2.53×10^{-15} などになる。したがって，`value(x[i,j])` の値が 0 か否かの判定は，`value(x[i,j])` が 0 と一致するか否かではなく，`value(x[i,j])` の絶対値が十分に小さい値であるか否かで行う。ここでは，十分に小さい値として 10^{-5} を表す `1e-5` を用いている。この `1e-5` よりも小さい場合は `value(x[i,j])` は 0 であると判定する。なお，ここでは `x[i,j]` は非負変数であるので，絶対値で評価する必要はないことに注意する。

プログラム 4-8 を実行すると，**実行例 4.17** を得る。

実行例 4.17

```
termination_status(model) = MathOptInterface.OPTIMAL
objective_value(model) = 1356.0
1 -> 2 : 22.0
1 -> 3 : 25.0
2 -> 4 : 30.0
3 -> 1 : 21.0
3 -> 2 :  5.0
```

これより，**図 4.2** に示した最適解が得られたことがわかる。

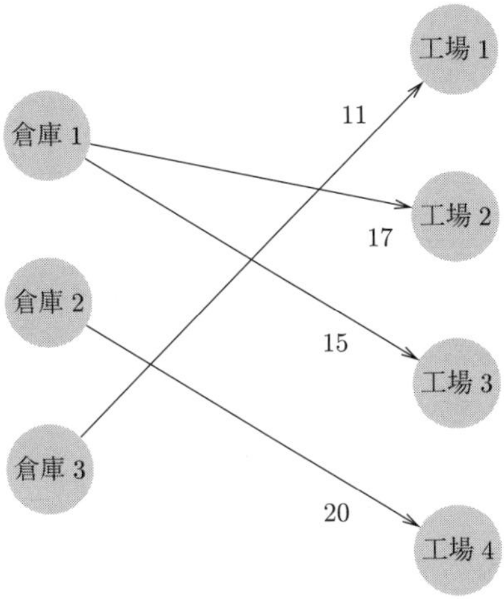

図 4.2 輸送最適化問題の最適解の例（矢印の脇の数値は，倉庫から工場への単位量当りの輸送費を表す）

プログラム 4-8 では，倉庫名と工場名を 1 から始まる整数で表していた。しかし，実際のデータを扱うときは，数字ではなく名前そのもので表したほうがわかりやすい場合も多い。例えば，工場は 1，2，3 と番号で表すよりも，相模原工場，町田工場，銀座工場などの名前で表したほうがわかりやすい場合がある。輸送量についても，“倉庫 2 から工場 3 へ 23 単位” と表すよりも，“相模原倉庫から青山工場へ 23 単位” と表したほうがわかりやすい場合がある。このために便利なデータ構造として，**辞書**がある。

辞書とは，**キー**と**値**のペアによってデータを表現するものである。例えば，辞書として扱うとよいデータの例として，野菜の値段が挙げられる。ピーマン，ニンジン，セロリの値段がそれぞれ 200 円，300 円，400 円だったとする。これらの値段を扱うには，(ピーマン,200)，(ニンジン,300)，(セロリ,400) という 3 つのペアを保持しておけばよい。ここで，ピーマン，ニンジン，セロリがキーであり，200，300，400 が値である。そして，ピーマンの値段を知りたければ，`price["ピーマン"]` によって `200` が取り出せるようにしておくとよい。

`JuMP` で辞書を定めるには，`Dict()` を用いる。**プログラム 4-9** は，その例である。

プログラム 4-9（辞書の例）

```
price = Dict(
  "ピーマン" => 200,
  "ニンジン" => 300,
  "セロリ"   => 400
)
```

プログラム 4-9 を実行すると，**実行例 4.18** が得られる。

実行例 4.18

```
Dict{String, Int64} with 3 entries:
"ピーマン" => 200
"セロリ"   => 400
"ニンジン" => 300
```

実行例 4.18 の 1 行目から，キーが `String` で，値が `Int64` の辞書が定められたことがわかる。この辞書を用いると，`price["ニンジン"]` によってニンジンの値段を知ることができる。キーは他のデータ型でもよい。例えば，店舗ごとの値段を表すには，**プログラム 4-10** に示した辞書を用いることができる。なお，タプルとは，複数の要素からなる順序つき列のことをいい，Julia では () の中に要素を並べることで定められる。例えば，(“ピーマン”,“銀座店”) によって，1 番目の要素が “ピーマン”，2 番目の要素が “銀座店” であるタプルが定められる。

プログラム 4-10（タプルをキーとする辞書の例）

```
price = Dict(
  ("ピーマン","銀座店") => 200,
  ("ピーマン","新橋店") => 300
)
```

この辞書を用いると，`price["ピーマン","銀座店"]` によって `200` という値が得られる。

プログラム 4-11 では，プログラム 4-8 で生成した定数 `cost` を，倉庫名と工場名を用いて辞書で表している。倉庫名は，相模原倉庫，町田倉庫，稲城倉庫とし，工場名は青山工場，神楽坂工場，葛飾工場，野田工場とする。

プログラム 4-11（辞書を用いたコストの表現）

```
w_names = ["相模原倉庫", "町田倉庫", "稲城倉庫"]
f_names = ["青山工場", "神楽坂工場", "葛飾工場", "野田工場"]
dict_cost = Dict(
  (a,b) => cost[i,j] for
  (i,a) in enumerate(w_names), (j,b) in enumerate(f_names)
)
```

`Dict()` は，新たに辞書を生成するためのものである。この `()` の中に，辞書として設定するデータを記述する。`(a,b) => cost[i,j]` は，キー `(a,b)` に対して値 `cost[i,j]` を設定することを示している。ここでは `for` 文を用いて `a`，`b`，`i`，`j` のとる値を設定している。やろうとしていることは，`cost[1,2]` などと添え字でアクセスしていた値を，`dist_cost["相模原倉庫","青山工場"]` などと文字列でアクセスできるようにすることである。`i` と `a` の値は，`enumerate(w_names)` によって得られるものを用いている。`enumerate(w_names)` は，`w_names` の要素とそのインデックス（何番目の要素かを表す整数）を組にして返す。例えば，つぎの**実行例 4.19** は enumerate() で得られるものの例を示している。

実行例 4.19

```
julia> for (i,j) in enumerate(w_names)
           println("i:", i, " j:", j);
       end
i:1 j:相模原倉庫
i:2 j:町田倉庫
i:3 j:稲城倉庫
```

プログラム 4-11 では w_names=["相模原倉庫","町田倉庫","稲城倉庫"] と設定しているので，enumerate(w_names) によって (1,"相模原倉庫")，(2,"町田倉庫")，(3,"稲城倉庫") という 3 つのペアを得ることができる。同様に，j と b の値は enumerate(f_names) によって得られるものを用いる。これより，(1,"青山工場")，(2,"神楽坂工場")，(3,"葛飾工場")，(4,"野田工場") という 4 つのペアを得ることができる。いま，cost は 3×4 の行列であるが，この方法で (i,a) と (j,b) を設定することで，整数と倉庫名および工場名とを関連づけることができる。具体的には，i 行目には a の倉庫，j 列目には b の工場を対応づけることができる。例えば，(i,a) が (1,"相模原倉庫")，(j,b) が (2,"神楽坂工場") であるとすると，(a,b) => cost[i,j] は ("相模原倉庫","神楽坂工場") => cost[1,2] を表すことになる。したがって，cost[1,2] と添え字でアクセスしていた値に，dict_cost["相模原倉庫","神楽坂工場"] というように倉庫と工場の名前を用いてアクセスできるようになる。同様に，supply と demand からも，辞書 dict_supply と dict_demand を生成する。

このようにして，定義した辞書を用いて線形最適化問題を定めるには，**プログラム 4-12** のようにする。

プログラム 4-12（輸送最適化問題の辞書を用いた表し方）

```
using Random
using HiGHS
using JuMP

Random.seed!(3);
nw, nf = 3, 4;
```

```
7  I = 1:nw;
8  J = 1:nf;
9  supply = rand(40:60, nw);
10 demand = rand(20:30, nf);
11 cost = rand(10:20, (nw,nf));
12 model = Model(HiGHS.Optimizer);
13 w_names = ["相模原倉庫", "町田倉庫", "稲城倉庫"];
14 f_names = ["青山工場", "神楽坂工場", "葛飾工場", "野田工場"];
15 dict_cost = Dict(
16   (a,b) => cost[i,j] for
17   (i,a) in enumerate(w_names), (j,b) in enumerate(f_names)
18 )
19 dict_supply = Dict(a => supply[i] for (i,a) in enumerate(w_names));
20 dict_demand = Dict(a => demand[i] for (i,a) in enumerate(f_names));
21
22 @variable(model, x[keys(dict_cost)] >= 0);
23 @objective(model, Min, sum(v * x[k] for (k, v) in dict_cost))
24 @constraint(model, [i in keys(dict_supply)], sum(x[k] for k in
25   keys(dict_cost) if k[1] == i) <= dict_supply[i]);
26 @constraint(model, [j in keys(dict_demand)], sum(x[k] for k in
27   keys(dict_cost) if k[2] == j) == dict_demand[j]);
28
29 set_silent(model);
30 optimize!(model);
31 @show termination_status(model);
32 @show objective_value(model);
33 for k in keys(dict_cost)
34     if value(x[k]) > 1e-5
35         println("x[$k]: ",value(x[k]));
36     end
37 end
```

プログラム 4-12 を実行すると，**実行例 4.20** を得る。

実行例 4.20

```
termination_status(model) = MathOptInterface.OPTIMAL
objective_value(model) = 1356.0
x[("相模原倉庫", "葛飾工場")]: 25.0
x[("稲城倉庫", "神楽坂工場")]: 27.0
x[("稲城倉庫", "青山工場")]  : 21.0
x[("町田倉庫", "野田工場")]  : 30.0
```

プログラム 4-12 の 22 行目で変数を生成する際に，`x[keys(dict_cost)]` を用いている。`keys(dict_cost)` は辞書 `dict_cost` のキーを表す。対話型実行環境で keys(dict_cost) を画面に表示する例が，**実行例 4.21** である。

実行例 4.21

```
julia> keys(dict_cost)
KeySet for a Dict{Tuple{String, String}, Int64} with 12 entries. Keys:
 ("町田倉庫", "葛飾工場")
 ("相模原倉庫", "青山工場")
 ("相模原倉庫", "葛飾工場")
 ("稲城倉庫", "神楽坂工場")
 ("稲城倉庫", "青山工場")
 ("町田倉庫", "神楽坂工場")
 ("相模原倉庫", "神楽坂工場")
 ("町田倉庫", "野田工場")
 ("町田倉庫", "青山工場")
 ("稲城倉庫", "野田工場")
 ("稲城倉庫", "葛飾工場")
 ("相模原倉庫", "野田工場")
```

この例が示すように，@variable() の第 2 引数として x[keys(dict_cost)] >= 0 を指定することにより，添え字が keys(dict_cost) の各値である 12 個の変数が生成される。例えば，町田倉庫から葛飾工場への輸送量を表す変数は，x["町田倉庫","葛飾工場"] と表される。

プログラム 4-12 の 23 行目では目的関数を設定している。第 3 引数はつぎのように指定している。

@objective() の第 3 引数

```
sum(v * x[k] for (k,v) in dict_cost)
```

(k,v) in dict_cost は，辞書 dict_cost に含まれるキー k と値 v のペアを順に得るものである。例えば，つぎのプログラム

辞書のキーと値の表示

```
for (k,v) in dict_cost
   println(k,"\t",v)
end
```

の実行例が，**実行例 4.22** である。

実行例 4.22

```
("町田倉庫", "葛飾工場")      20
("相模原倉庫", "青山工場")    18
("相模原倉庫", "葛飾工場")    12
("稲城倉庫", "神楽坂工場")    13
("稲城倉庫", "青山工場")      15
("町田倉庫", "神楽坂工場")    20
("相模原倉庫", "神楽坂工場") 13
("町田倉庫", "野田工場")      13
("町田倉庫", "青山工場")      18
("稲城倉庫", "野田工場")      16
("稲城倉庫", "葛飾工場")      13
("相模原倉庫", "野田工場")    15
```

したがって，例えば `(k,v)=(("町田倉庫","葛飾工場"),20)` であれば，`v*x[k]` は `20*x[("町田倉庫","葛飾工場")]` となり，確かに目的関数が設定されることがわかる。

入力データは，表形式で扱いたい場合がある。このような場合は，**データフレーム**を用いるとよい。Julia でデータフレームを用いるには，`DataFrames` パッケージを用いる。`DataFrames` をインストールするには，**実行例 4.23** のようにする。

実行例 4.23

```
julia> using Pkg
julia> Pkg.add("DataFrames")
julia> using DataFrames
```

データ形式として CSV ファイルを用いるので，あわせて `CSV` パッケージもインストールしてインポートする。`CSV` パッケージをインストールし，使えるようにするために実行するコマンドを**実行例 4.24** に示す。

実行例 4.24

```
julia> Pkg.add("CSV")
julia> using CSV
```

ここでは，輸送費のデータを `cost.csv` という名前のファイルから読み込むことにする。

cost.csv

```
倉庫名, 工場名, 輸送費
町田倉庫, 葛飾工場,      19
相模原倉庫, 青山工場,    16
相模原倉庫, 葛飾工場,    11
稲城倉庫, 神楽坂工場,    14
稲城倉庫, 青山工場,      17
町田倉庫, 神楽坂工場,    12
相模原倉庫, 神楽坂工場,  15
町田倉庫, 野田工場,      11
町田倉庫, 青山工場,      16
稲城倉庫, 野田工場,      10
稲城倉庫, 葛飾工場,      19
相模原倉庫, 野田工場,    13
```

この CSV ファイルは，つぎの命令で読み込むことができる。

CSV ファイルの読み込み

```
julia> using DataFrames, CSV
julia> cost = DataFrame(CSV.File("cost.csv"))
```

このように読み込んだデータを対話型実行環境で画面に表示すると，**実行例 4.25** のようになる。

実行例 **4.25**

```
julia> cost
12x3 DataFrame
 Row │ 倉庫名      工場名      輸送費
     │ String15    String15    Int64
─────┼──────────────────────────────────
   1 │ 町田倉庫    葛飾工場     19
   2 │ 相模原倉庫  青山工場     16
   3 │ 相模原倉庫  葛飾工場     11
   4 │ 稲城倉庫    神楽坂工場   14
   5 │ 稲城倉庫    青山工場     17
   6 │ 町田倉庫    神楽坂工場   12
   7 │ 相模原倉庫  神楽坂工場   15
   8 │ 町田倉庫    野田工場     11
   9 │ 町田倉庫    青山工場     16
  10 │ 稲城倉庫    野田工場     10
  11 │ 稲城倉庫    葛飾工場     19
  12 │ 相模原倉庫  野田工場     13
```

同様に，各工場の需要量を demand.csv

demand.csv

```
工場名，需要量
青山工場，　15
神楽坂工場，12
葛飾工場，　10
野田工場，　18
```

から，各倉庫の供給量をファイル supply.csv

supply.csv

```
倉庫名，供給量
相模原倉庫，25
町田倉庫，　30
稲城倉庫，　22
```

から読み込むとする。このようにして，輸送費，需要量，供給量をファイルから読み込んでデータフレームとして用いるプログラムが，**プログラム 4-13** である。

プログラム 4-13（DataFrames を用いたプログラム）

```
using DataFrames,CSV
using JuMP, HiGHS

cost = DataFrame(CSV.File("cost.csv"));
demand = DataFrame(CSV.File("demand.csv"));
supply = DataFrame(CSV.File("supply.csv"));
model = Model(HiGHS.Optimizer);
dict_cost= Dict(
  (row.倉庫名, row.工場名) => row.輸送費 for row in eachrow(cost)
);
dict_demand = Dict(
  row.工場名 => row.需要量 for row in eachrow(demand)
);
dict_supply = Dict(
  row.倉庫名 => row.供給量 for row in eachrow(supply)
);
@variable(model, x[keys(dict_cost)] >= 0);
@objective(model, Min, sum(v*x[k] for (k,v) in dict_cost));
@constraint(model, [i in keys(dict_supply)],
    sum(x[k] for k in keys(dict_cost)
```

```
21         if k[1] == i) <= dict_supply[i]);
22   @constraint(model, [j in keys(dict_demand)],
23       sum(x[k] for k in keys(dict_cost)
24         if k[2] == j) == dict_demand[j]);
25   set_silent(model);
26   optimize!(model);
27   @show termination_status(model);
28   @show objective_value(model);
29   for k in keys(dict_cost)
30       if value(x[k]) > 1e-5
31           println("x[$k]: ",value(x[k]));
32       end
33   end
```

4~6 行目で，輸送費，需要量，供給量をファイルから読み込んでいる。読み込んだデータは，それぞれデータフレーム `cost`，`demand`，`supply` に保存される。

11~13 行目では，データフレーム `demand` から需要量を表す辞書 `dict_demand` を設定している。右辺の `Dict()` の中は，つぎのようにしている。

データフレームからの辞書の作成

```
row.工場名 => row.需要量 for row in eachrow(demand)
```

`eachrow(demand)` はデータフレーム `demand` の各行を表すものであるので，`row` は反復ごとに `demand` のある 1 つの行を表す。`row.工場名` は，行 `row` の“工場名”列の値を表し，`row.需要量` は，行 `row` の“需要量”列の値を表す。これらを用いて，辞書のキーと値をつぎのように設定している。

データフレームの列による辞書のキーと値の設定

```
row.工場名 => row.需要量
```

したがって，得られる辞書 `dict_demand` は，工場名をキー，需要量を値とする辞書となる。

輸送費を表す `dict_cost` と供給量を表す辞書 `dict_supply` も，それぞれ 8~10 行目と 14~16 行目で同様に定められる。

整数最適化問題を定義して解く部分は，先のプログラム 4-12 と同じである。このプログラム 4-13 の実行例が，**実行例 4.26** である。

実行例 **4.26**

```
termination_status(model) = MathOptInterface.OPTIMAL
objective_value(model) = 674.0
x[("相模原倉庫", "青山工場")]: 15.0
x[("相模原倉庫", "葛飾工場")]: 10.0
x[("町田倉庫", "神楽坂工場")]: 12.0
x[("稲城倉庫", "野田工場")]  : 18.0
```

データフレームを用いた方法は，特に大規模なデータを扱う際に有効である。データをデータフレームとして保持すると，さまざまなデータ操作が簡単に行える。例えば，倉庫名が同じ行でグループ分けするには，つぎのようにすればよい。

groupby の使用例

```
julia> grpby = groupby(cost,:倉庫名);
```

ここでの groupby の返り値 grpby のデータ型は，GroupedDataFrame 型である。grpby によって，倉庫名が同じ行ごとに分けられたグループを得ることができる。いま，cost のデータには 3 つの倉庫が含まれているから，grpby の要素は grpby[1]，grpby[2]，grpby[3] の 3 つである。例えば，対話型実行環境で grpby[1] を画面に表示してみると，**実行例 4.27** のようになる。

実行例 **4.27**

```
julia> grpby[1]
4x3 SubDataFrame
 Row │ 倉庫名      工場名      輸送費
     │ String15  String15   Int64
─────┼──────────────────────────────
   1 │ 町田倉庫  葛飾工場        19
   2 │ 町田倉庫  神楽坂工場      12
   3 │ 町田倉庫  野田工場        11
   4 │ 町田倉庫  青山工場        16
```

これは，データフレーム cost の行から倉庫名が町田倉庫である 4 つの行を抽出したものになっている。

groupby の結果を用いると，例えば，得られた最適解における各倉庫からの輸送量は，**プログラム 4-14** で得ることができる。

プログラム 4-14（groupby を用いた辞書の生成）

```
julia> dict_quant = Dict(
         g.倉庫名[1] => sum([value(x[(row.倉庫名, row.工場名)])]
           for row in eachrow(g)) for g in groupby(cost,:倉庫名)
       )
Dict{String15, Vector{Float64}} with 3 entries:
  "町田倉庫"…    => [12.0]
  "相模原倉庫"… => [25.0]
  "稲城倉庫"…    => [18.0]
```

この実行結果から，町田倉庫からの輸送量，相模原倉庫からの輸送量，稲城倉庫からの輸送量は，それぞれ 12.0，25.0，18.0 であることがわかる。

データフレームは，他にもさまざまな操作を効率的に行うことができる。最適化問題を解く際には，手元にあるデータを加工して数理最適化問題の入力データを作成する手間が掛かる場合が少なくないが，データフレームをうまく利用することによって，この手間を削減することができる。

5章 グラフ最適化問題

グラフは，道路網，通信網，対人関係などのモデルとして用いられる数学的対象である。グラフは，**点**の集合とそれらを結ぶ**枝**の集合で定められる。例えば，道路網は，交差点を「点」，2 つの交差点を結ぶ道路を「枝」とすることで，点の集合と枝の集合が定められる。本章では，グラフ上で定められるいくつかの最適化問題について，その扱い方と解き方を述べる。

5.1 グラフの表現

グラフ G は，点の集合 V と，2 つの点間を結ぶ枝の集合 E によって表される。グラフは，ネットワークともよぶ。**図 5.1** に示したのは，$V = \{1, 2, 3, 4, 5\}$，$E = \{(1,2), (2,3), (2,4), (3,4), (4,5)\}$ で定められるグラフである。枝に向きがあるグラフを**有向グラフ**とよび，向きがないグラフを**無向グラフ**とよぶ。向きのない枝 (a, b) を定める 2 つの点を，この枝の**端点**とよぶ。枝 (a, b) に向きがある場合は，点 a をこの枝の始点，b を終点とよぶ。向きがある枝，すなわち有向枝は，始点から終点に向かう。

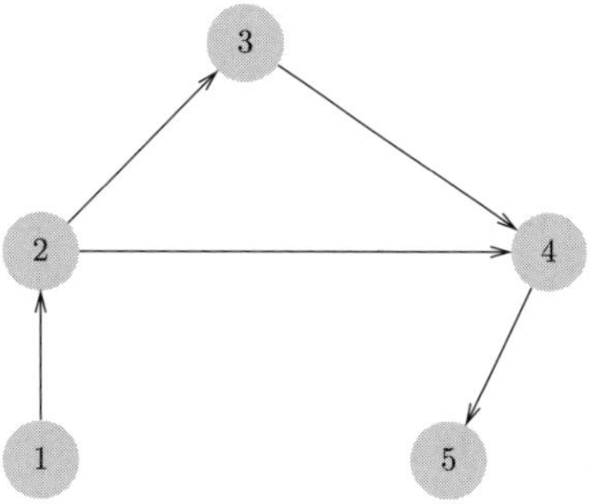

図 5.1　グラフの例

グラフを扱うには，`Graphs` というパッケージを使うと便利である。**プログラム 5-1** では，図 5.1 に示したグラフを定めている。ここでは，各枝には向きがあるとした。

プログラム **5-1**（Graphs の使用例）

```
1  using Graphs
2
3  G = DiGraph(5);
4  add_edge!(G, 1, 2);
5  add_edge!(G, 2, 3);
6  add_edge!(G, 2, 4);
7  add_edge!(G, 3, 4);
8  add_edge!(G, 4, 5);
9
10 nvertices = nv(G);
11 nedges = ne(G);
12
13 for e in edges(G)
14     u, v = src(e), dst(e);
15     println("edge $u - $v");
16 end
```

3 行目の `DiGraph()` は，有向グラフを定義するものである。引数に `5` を与えているが，これは 5 つの点からなるグラフを定義するものである。

4〜8 行目では，`G` に枝を追加している。4 行目の `add_edge!(G,1,2)` はグラフ `G` に始点が `1`，終点が `2` の有向枝を追加する。ここでは 5 本の枝を追加している。

10，11 行目では，`G` の点数と枝の数をそれぞれ `nvertices` と `nedges` に設定している。グラフ `G` に含まれる点数を知るには `nv(G)` を，枝の数を知るには `ne(G)` を用いる。

13〜16 行目では，`G` に含まれる枝を画面に表示している。`for e in edges(G)` で，`G` 内の各枝 `e` に対する反復処理を行うことを指定する。`src(e)` で `e` の始点を，`dst(e)` で終点を得ることができる。

プログラム 5-1 を実行すると，**実行例 5.1** を得る。

実行例 5.1

```
edge 1 - 2
edge 2 - 3
edge 2 - 4
edge 3 - 4
edge 4 - 5
```

グラフを DiGraph で保持しておくと，さまざまな処理が簡単にできる。例えば，点 2 を始点とするすべての枝を得るには，つぎのようにすればよい。

点 2 を始点とするすべての枝の表示

```
julia> outneighbors(G, 2)
2-element Vector{Int64}:
 3
 4
```

この結果として，3 と 4 を得る。これは，2 を始点とする枝は 2 本あり，それぞれの終点が 3，4 であることを表している。

5.2 最短路問題

各枝 (i, j) に重み a_{ij} がついた有向グラフが与えられたとする。グラフ上の**パス**とは枝の列であって，グラフ上の 1 つの点から他の点への移動の仕方を表す。パスのコストは，そのパスに含まれる枝の重みの和として定められる。パスは経路ともよぶ。**最短路問題**は，グラフ上のある点から他の点までのパスの中で，コストが最小のものを求める問題である。このときのコストが最小のパスを最短路とよぶ。最短路問題の例を**図 5.2** に示した。

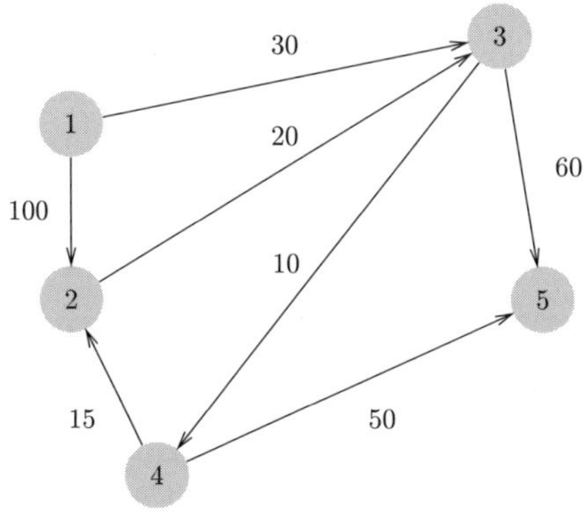

図 5.2　最短路問題の例（枝の脇の数値はその枝のコストを表す）

5.2.1 整数最適化問題として解く方法

プログラム 5-2 では，図 5.2 に示したグラフ上で点 1 から点 2 までの最短路を整数最適化問題としての定式化により求めている。

プログラム 5-2（最短路問題を解くプログラム）

```
1  using JuMP, HiGHS
2  using LinearAlgebra
3
4  G = [
5      0  100  30   0   0
6      0    0  20   0   0
7      0    0   0  10  60
8      0   15   0   0  50
9      0    0   0   0   0
10 ];
11 n = size(G)[1];
12 shortest_path = Model(HiGHS.Optimizer);
13 @variable(shortest_path, x[1:n, 1:n], Bin)
14 @objective(shortest_path, Min, LinearAlgebra.dot(G, x));
15 @constraint(shortest_path, [i = 1:n, j = 1:n;
16     G[i, j] == 0], x[i, j] == 0);
17 s, t = 1, 2;
18 @constraint(shortest_path,[i = 1:n; i != s && i != t],
19     sum(x[i,:]) == sum(x[:,i]));
20 @constraint(shortest_path, sum(x[s,:]) - sum(x[:,s]) ==  1);
21 @constraint(shortest_path, sum(x[t,:]) - sum(x[:,t]) == -1);
22 set_silent(shortest_path);
23 optimize!(shortest_path);
24 @show termination_status(shortest_path);
25 @show objective_value(shortest_path);
26 for i in 1:n, j in 1:n
27     if value.(x[i,j]) > 1e-3
28         println("x[$i, $j]: ", value.(x[i,j]));
29     end
30 end
```

4〜10 行目では，枝のコストを定義するための行列 G を定めている。この部分を対話型実行環境で実行すると，**実行例 5.2** のようになる。

実行例 5.2

```
julia> G = [
            0  100  30   0   0
```

```
            0    0  20   0   0
            0    0   0  10  60
            0   15   0   0  50
            0    0   0   0   0
         ]
5x5 Matrix{Int64}:
 0  100  30   0   0
 0    0  20   0   0
 0    0   0  10  60
 0   15   0   0  50
 0    0   0   0   0
```

これは，5×5 の整数要素をもつ行列が定義されたことを表している。ただし，(i,j) 要素が 0 であることは，コストが 0 であることを表しているのではなく，対応する点間に枝 (i,j) がないことを表している。例えば，$(2,4)$ 成分は 0 であるが，これは点 2 から点 4 にコスト 0 で移動できるということではなく，点 2 から点 4 には枝がなく，直接移動することができないことを表している。いま，行列の非ゼロ要素は 7 個であるので，このグラフは 7 本の枝からなることがわかる。

この重み行列があれば，そこからグラフの点数も得られる。size(G) によって G の行数と列数を表すタプル (5,5) が得られる。そこで，プログラム 5-2 の 11 行目に示したように，このタプルの最初の要素 size(G)[1] を点数 n として用いることにする。

点数の設定

```
n = size(G)[1];
```

プログラム 5-2 の 13 行目では，最短路問題で用いる変数 x を定義している。n 個の点間すべてに枝があるとして，それらのそれぞれに変数を定義する。@variable() の第 2 引数として x[1:n, 1:n] を指定しているが，これは 2 つの引数をもつ変数 x を生成するものである。例えば，点 1 から点 5 への枝に対応する変数は，配列 x の要素 x[1,5] で表される。第 3 引数の Bin は，各変数が 0–1 変数であることを指定している。対話型実行環境で実行すると，**実行例**

5.3 を得る。

実行例 **5.3**

```
julia> @variable(shortest_path, x[1:n, 1:n], Bin)
5x5 Matrix{VariableRef}:
 x[1,1]  x[1,2]  x[1,3]  x[1,4]  x[1,5]
 x[2,1]  x[2,2]  x[2,3]  x[2,4]  x[2,5]
 x[3,1]  x[3,2]  x[3,3]  x[3,4]  x[3,5]
 x[4,1]  x[4,2]  x[4,3]  x[4,4]  x[4,5]
 x[5,1]  x[5,2]  x[5,3]  x[5,4]  x[5,5]
```

プログラム 5-2 の 14 行目は目的関数を定めるものである。`LinearAlgebra.dot(G,x)` は `G` と `x` の内積を求めるものである。`G` も `x` もサイズが 5×5 の行列であり，これらの内積はそれぞれに対応する成分の積の和である。数式で表すと

$$\boldsymbol{G} \bullet \boldsymbol{x} \ = \ \sum_{i=1}^{n} \sum_{j=1}^{n} G_{ij} x_{ij}$$

となる。`LinearAlgebra.dot(G,x)` を対話型実行環境で実行すると，**実行例 5.4** のようになる。

実行例 **5.4**

```
julia> LinearAlgebra.dot(G,x)
100 x[1,2] + 15 x[4,2] + 30 x[1,3] + 20 x[2,3]
    + 10 x[3,4] + 60 x[3,5] + 50 x[4,5]
```

これより，目的関数が適切に設定されていることがわかる。

`G` の要素は 25 個であるが，要素が 0 である成分 (i, j) に対応する変数 `x[i,j]` は 0 でなければならない。このことを制約式として課す。この制約式を定めるのが，プログラム 5-2 の 15，16 行目である。`@constraint()` の第 2 引数を，つぎのように指定している。

制約式の添え字の範囲

```
[i = 1:n, j = 1:n; G[i,j] == 0]
```

これは，`i` と `j` がそれぞれ `1`～`n` までの整数をとるペアの中で，条件 `G[i,j]==0` を満たすものだけを取り上げて制約を課すことを指定している。そして，その

ようなペアについて第3引数で指定する制約 `x[i,j] == 0` を課している。

続いて，**フロー保存則**を定める。フロー保存則は，各点に入る枝の変数の和と出る枝の変数の和が等しい，という規則である。点の集合を V とすると，フロー保存則は，始点 s と終点 t 以外の点 j については等式制約 (5.1) として表される。

$$\sum_{i \in V: i \neq j} x_{ij} = \sum_{k \in V: k \neq j} x_{jk} \tag{5.1}$$

左辺は，j と異なる $i \in V$ について x_{ij} の和をとることを表しており，点 j に入る枝に対応する変数の和を表している。一方，右辺は，j と異なる $k \in V$ について x_{jk} の和をとることを表しており，点 j から出る枝に対応する変数の和を表している。ちょうど1個の点から点 j にパスが入るとき，左辺の和は1になる。点 j にパスが入ると，そこからちょうど1回出なければならない。したがって，右辺の和も1にならなければならない。点 j にパスが入らない場合は，左辺の和は0になる。点 j にパスが入らなければ，そこから出ることもできないので，右辺の和は0にならなければならない。このように，等式 (5.1) により x_{ij} がパスを表すための条件を課すことができる。

始点 s にはパスは入らず，ちょうど1回出るが，これは制約式 (5.2) で表される。

$$\sum_{k \in V: k \neq s} x_{sk} - \sum_{i \in V: i \neq s} x_{is} = 1 \tag{5.2}$$

また，終点 t からはパスは出ず，ちょうど1回入るが，これは制約式 (5.3) で表される。

$$\sum_{k \in V: k \neq t} x_{tk} - \sum_{i \in V: i \neq t} x_{it} = -1 \tag{5.3}$$

プログラム5-2の18，19行目は，始点と終点以外の点についてのフロー保存則を表すものである。

フロー保存則（始点と終点を除く）

```
@constraint(shortest_path, [i = 1:n; i != s && i != t],
    sum(x[i, :]) == sum(x[:, i]));
```

sum(x[i,:]) は，1 番目の引数が i であるすべての変数 x についての和を表している。ここで，@constraint() の 2 番目の引数として i != s && i != t が指定されているので，始点 s と終点 t についてはこの制約は課されない。

始点と終点についてのフロー保存則は，プログラム 5-2 の 20，21 行目で表される。

フロー保存則（始点と終点）

```
@constraint(shortest_path, sum(x[s, :]) - sum(x[:, s]) ==  1);
@constraint(shortest_path, sum(x[t, :]) - sum(x[:, t]) == -1);
```

このようにして，制約式を定めることができた。

プログラム 5-2 の 23 行目で最適化を実行し，24〜30 行目で得られた結果を表示する。このプログラム 5-2 を実行すると，**実行例 5.5** を得る。

実行例 5.5

```
termination_status(shortest_path) = MathOptInterface.OPTIMAL
objective_value(shortest_path) = 55.0
x[1, 3]: 1.0
x[3, 4]: 1.0
x[4, 2]: 1.0
```

この結果から，最短路のコストは 55.0 であり，最短路は枝 $(1,3)$，$(3,4)$，$(4,2)$ を順にたどるものであることがわかる。**図 5.3** にこの最短路を示した。

ここまでは，点数が n のグラフに対して，$n \times n$ 本の枝とそれらに対応する変数をすべて定義した。しかし，グラフでは枝の数は $n \times n$ よりもずっと少なく，せいぜい n の数倍しかない場合も多い。例えば，道路網を表すグラフであれば，1 つの交差点から出る道路がせいぜい 5 本程度しかないことを考えると，このことがわかるだろう。

したがって，変数とそのコストを疎なデータとして扱う方法も必要である。ここで扱っているグラフ上の枝を，始点と終点の組で表すと

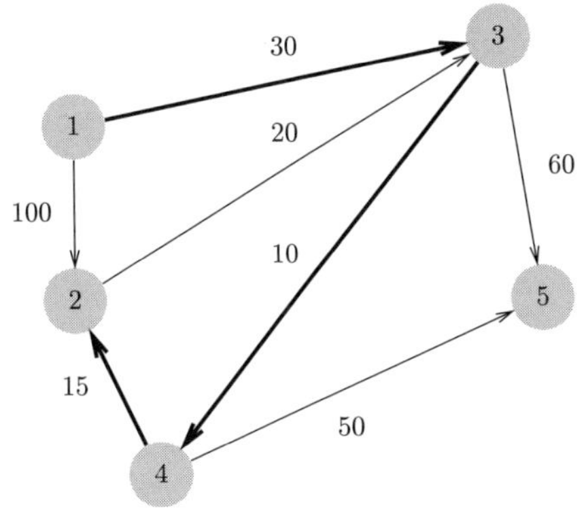

図 5.3 点 1 から点 2 への最短路

$$(1,2),\quad (1,3),\quad (2,3),\quad (3,4),\quad (3,5),\quad (4,2),\quad (4,5)$$

となる。疎行列を扱う 1 つの方法が，非ゼロ要素の行番号を要素とするベクトル `I`，列番号を要素とするベクトル `J`，値を要素とするベクトル `V` を用いて定める方法である。この方法でグラフを表し，最短路問題を解くプログラムが**プログラム 5-3** である。

プログラム 5-3（疎行列を用いて最短路問題を解くプログラム）

```
using SparseArrays
using HiGHS, JuMP

I = [  1,  1,  2,  3,  3,  4,  4];
J = [  2,  3,  3,  4,  5,  2,  5];
V = [100, 30, 20, 10, 60, 15, 50];
G = sparse(I, J, V, 5, 5);
I = findnz(G)[1];
J = findnz(G)[2];
V = findnz(G)[3];
n = 5;
s, t = 1, 2;

sparse_sp = Model(HiGHS.Optimizer);
@variable(sparse_sp, x[i = 1:n, j = 1:n; (i,j) in zip(I,J)], Bin);
@objective(sparse_sp, Min, sum(G[i,j]*x[i,j] for (i,j) in zip(I,J)));
@constraint(sparse_sp,
    sum((x[i,j] for (i,j) in zip(I,J) if i == s)) == 1);
@constraint(sparse_sp,
    - sum((x[i,j] for (i,j) in zip(I,J) if j == t)) == -1);
```

```
21 for k in [k for k in union(I,J) if k != s && k != t]
22     outedges = [(ti,j) for (ti,j) in zip(I,J) if ti == k];
23     inedges = [(j,ti) for (j,ti) in zip(I,J) if ti == k];
24     @constraint(sparse_sp,
25         reduce(+, x[i,j] for (i,j) in outedges; init = 0) ==
26         reduce(+, x[i,j] for (i,j) in inedges; init = 0)
27     )
28 end
29 set_silent(sparse_sp);
30 optimize!(sparse_sp);
31 @show termination_status(sparse_sp);
32 @show objective_value(sparse_sp);
33 for (i,j) in zip(I,J)
34     if value.(x[i,j]) > 1e-3
35         println("x[$i, $j]: ", value.(x[i,j]));
36     end
37 end
```

プログラム 5-3 を実行すると，**実行例 5.6** を得る。

実行例 5.6

```
termination_status(sparse_sp) = MathOptInterface.OPTIMAL
objective_value(sparser_sp) = 55.0
x[4 ,2]: 1.0
x[1, 3]: 1.0
x[3, 4]: 1.0
```

このグラフでの枝を表す疎行列は，プログラム 5-3 の 4〜7 行目で定められる。

疎行列の定義

```
I = [  1,  1,  2,  3,  3,  4,  4];
J = [  2,  3,  3,  4,  5,  2,  5];
V = [100, 30, 20, 10, 60, 15, 50];
G = sparse(I, J, V, 5, 5);
```

ここで，定義したい行列 G の 5 行目には非ゼロ要素がないことに注意する。すなわち，I には 5 が含まれていない。したがって，I，J，V のみを引数として G = sparse(I,J,V) とすると，G は 4×5 の行列となってしまう。しかし，実際には 5×5 の行列として定義したいので，第 4 引数と第 5 引数に行数 5 と列数 5 をそれぞれ指定する。

いまは，I，J，V から疎行列を定義したが，逆に疎行列からその非ゼロ要素を取り出したい場合がある。これは，findnz(G) によって実現できる。findnz(G) の実行結果は，**実行例 5.7** のようになる。

実行例 5.7

```
julia> findnz(G)
([1, 4, 1, 2, 3, 3, 4], [2, 2, 3, 3, 4, 5, 5],
[100, 15, 30, 20, 10, 60, 50])
```

すなわち，findnz(G) の返り値として3つのベクトルを要素とするタプルが得られる。1番目は行番号を要素とするベクトル，2番目は列番号を要素とするベクトル，3番目は非ゼロ要素の値を要素とするベクトルである。3つのベクトルをそれぞれ I，J，V とするには，つぎのようにすればよい。

疎行列の非ゼロ要素を取り出す方法

```
I = findnz(G)[1];
J = findnz(G)[2];
V = findnz(G)[3];
```

これらの I，J，V を用いて，今度は変数を定義する。今回はプログラム 5-2 と異なり，存在する枝，すなわち G の非ゼロ要素に対応する変数のみを定義する。これを実行するのがプログラム 5-3 の 15 行目である。

疎な変数行列の定義

```
@variable(sparse_sp, x[i = 1:n,j = 1:n; (i,j) in zip(I,J)], Bin);
```

いま，I は [1,4,1,2,3,3,4]，J は [2,2,3,3,4,5,5] であるから，zip(I,J) により

$$(1,2), \quad (4,2), \quad (1,3), \quad (2,3), \quad (3,4), \quad (3,5), \quad (4,5)$$

が得られる。これを用いて (i,j) が zip(I,J) に含まれるという条件を満たすときのみ変数 x[i,j] を定めるようにしている。この行を対話型実行環境で実行すると，**実行例 5.8** のように表示される。

実行例 5.8

```
julia> @variable(sparse_sp, x[i = 1:n,j = 1:n; (i,j) in zip(I,J)], Bin)
JuMP.Containers.SparseAxisArray
{VariableRef, 2, Tuple{Int64,Int64}} with 7 entries:
  [1, 2]  =  x[1,2]
  [1, 3]  =  x[1,3]
  [2, 3]  =  x[2,3]
  [3, 4]  =  x[3,4]
  [3, 5]  =  x[3,5]
  [4, 2]  =  x[4,2]
  [4, 5]  =  x[4,5]
```

これより，G の非ゼロ要素に対応する変数のみ生成されたことがわかる。

同様に，zip(I,J) の返すペア i，j のそれぞれに対する積 G[i,j]*x[i,j] を足すことで，目的関数を設定することができる。これを実現するのがプログラム 5-3 の 16 行目である。

目的関数の設定

```
@objective(sparse_sp, Min, sum(G[i,j]*x[i,j] for (i,j) in zip(I,J)));
```

プログラム 5-3 の 17〜28 行目では，フロー保存則を定めている。

フロー保存則（疎な場合）

```
@constraint(sparse_sp,
    sum(x[i,j] for (i,j) in zip(I,J) if i == s) == 1);
@constraint(sparse_sp,
    - sum(x[i,j] for (i,j) in zip(I,J) if j == t) == -1);
for k in [k for k in union(I,J) if k != s && k != t]
    outedges = [(ti,j) for (ti,j) in zip(I,J) if ti == k];
    inedges = [(j,ti) for (j,ti) in zip(I,J) if ti == k];
    @constraint(sparse_sp,
        reduce(+, x[i,j] for (i,j) in outedges; init = 0) ==
        reduce(+, x[i,j] for (i,j) in inedges; init = 0)
    )
end
```

プログラム 5-3 の 17，18 行目では，始点に対するフロー保存則を定めており，19，20 行目では，終点に対するフロー保存則を定めている。21〜28 行目では，始点と終点以外のフロー保存則を定めている。

21 行目は，I または J に含まれる点 k についてフロー保存則を定めることを表している。union(I,J) は，I と J をそれぞれ集合とみなして，それらの和集合を求めている。22 行目で，点 k から出る枝の集合を outedges と定め，23 行目で，点 k に入る枝の集合を inedges と定める。

24〜27 行目は，点 k についてのフロー保存則を表す。outedges と inedges は空集合になりうるので，sum ではなく reduce を用いている。ここでの reduce は，第 2 引数に指定した x の要素に対して，第 1 引数で指定した演算子 “+” を適用した結果を返す。この結果として x[i,j] の和が得られる。

reduce の使用例は，つぎの通りである。

reduce の使用例

```
reduce(*, [2; 3; 4]; init =  1)
reduce(*, [2; 3; 4]; init = -2)
reduce(+, [2; 3; 4]; init =  0)
```

1 行目の結果は 24 となる。これは，init で指定された初期値 1 に，2，3，4 を順に掛けた結果，すなわち $1 \times 2 \times 3 \times 4$ である。2 行目は初期値を -2 に変更したので，その結果は -48 になる。3 行目は演算子を “+” に変更して初期値を 0 としたもので，その結果は $0+2+3+4$ より 9 になる。

ここまでは，グラフの構造を行列 G によって表した。点数が十分に小さい場合はこの表現を用いることができるが，点や枝の数が大きくなると，Graphs などのパッケージを用いてグラフ自体の操作を簡単に行えることが望ましい。ここでは，上記のグラフを Graphs を用いて保持し，その情報から最短路問題を定義して解く方法を述べる。

まず，これまで行列 G で表していたグラフを，SimpleWeightedDiGraph で表す。このグラフを用いて最短路問題を定義して解くプログラムが，**プログラム 5-4** である。

プログラム 5-4（Graphs によるグラフを用いて最短路問題を解くプログラム）

```
using Graphs, SimpleWeightedDiGraphs
using JuMP, HiGHS
```

```
4   g = SimpleWeightedDiGraph(5);
5   I = [  1,  1,  2,  3,  3,  4,  4];
6   J = [  2,  3,  3,  4,  5,  2,  5];
7   V = [100, 30, 20, 10, 60, 15, 50];
8   for i in 1:length(I)
9       add_edge!(g, I[i], J[i], V[i]);
10  end
11
12  graphs_sp = Model(HiGHS.Optimizer);
13  n = nv(g);
14  s, t = 1, 2;
15  @variable(graphs_sp,
16      x[i = 1:n, j = 1:n; has_edge(g, (i,j))], Bin);
17  @objective(graphs_sp, Min,
18     sum(V[i]*x[I[i],J[i]] for i in 1:ne(g)));
19  @constraint(graphs_sp, c_src,
20      sum(x[s,i] for i in (outneighbors(g, s))) == 1);
21  @constraint(graphs_sp, c_dst,
22      sum(x[i,t] for i in (inneighbors(g, t))) == 1);
23  @constarint(graphs_sp, c_flow[v in vertices(g);
24      v != s && v != t],
25      sum(x[v,i] for i in outneighbors(g,v))
26          == sum(x[j,v] for j n inneighbors(g,v)))
27  set_silent(graphs_sp);
28  optimize!(graphs_sp);
29  @show termination_status(sp);
30  @show objective_value(sp);
```

4〜10行目では，`SimpleWeightedDiGraph` を用いてグラフを生成している。

Graphs による重みつきグラフの表現

```
g = SimpleWeightedDiGraph(5);
I = [  1,  1,  2,  3,  3,  4,  4];
J = [  2,  3,  3,  4,  5,  2,  5];
V = [100, 30, 20, 10, 60, 15, 50];
for i in 1:length(I)
    add_edge!(g, I[i], J[i], V[i]);
end
```

プログラム 5-4 の 4 行目で，5 つの点からなる重みつき有向グラフを生成し，5〜10 行目で，枝を追加している。9 行目の `add_edge!()` では，第 1 引数から第 4 引数にそれぞれ枝を追加するグラフ，枝の始点，枝の終点，枝の重みを指定する。13 行目では，グラフ g の点数を取り出して n に代入している。14 行目では，始点 s を 1 に，終点 t を 2 に設定している。

15，16 行目で，各枝 (i,j) に対して変数 x[i,j] を生成する。

変数の生成

```
@variable(graphs_sp,
    x[i = 1:n, j = 1:n; has_edge(g, (i,j))], Bin);
```

変数は枝 (i,j) に対して定義するので，第 2 引数に

```
x[i = 1:n, j = 1:n; has_edge(g, (i,j))]
```

を指定している。i と j に対して枝 (i,j) が存在するかは，has_edge(g,(i,j)) によって判定する。

プログラム 5-4 の 19，20 行目では，始点 s から出る枝に対応する変数の和が 1 である制約を課している。

始点のフロー保存則

```
@constraint(graphs_sp, c_src,
    sum(x[s,i] for i in (outneighbors(g, s))) == 1);
```

outneighbors(g,s) は，点 s を始点とする枝の終点を表す。したがって，この表現により点 s から出る枝に対応する変数の和を表すことができる。

プログラム 5-4 の 21，22 行目は，終点 t に入る枝に対応する変数の和が 1 である制約を課すものであるが，ここでは，点 t を終点とする枝の始点を表す inneighbors(g,t) を用いている。

23〜26 行目は，始点と終点以外の点におけるフロー保存則を表す。

フロー保存則（始点と終点以外）

```
@constarint(graphs_sp, c_flow[v in vertices(g);
    v != s && v != t],
    sum(x[v,i] for i in outneighbors(g,v))
        == sum(x[j,v] for j n inneighbors(g,v)))
```

vertices(g) はグラフ g のすべての点を表す。そして，v != s && v != t と

いう条件を課しているので，始点と終点以外のすべての頂点 `v` に対して，プログラム 5-4 の 25，26 行目の制約が追加できる。25 行目は点 `v` から出る枝に対応する変数 `x[v,i]` の和，26 行目は点 `v` に入る枝に対応する変数 `x[j,v]` の和を表している。

プログラム 5-4 の実行例が，**実行例 5.9** である。

実行例 5.9

```
termination_status(graphs_sp) = MathOptInterface.OPTIMAL
objective_value(graphs_sp) = 55.0
```

これより，最適値は `55.0` であることが確認できる。

5.2.2 ダイクストラ法を用いて解く方法

ここまでの例では，最短路問題を整数最適化問題として定式化して解いた。一方で，最短路問題に対しては効率的に最適解を求めるアルゴリズムが知られている。その代表的なものが**ダイクストラ法**である。グラフは，その構造によってさまざまなものに分けられるが，ダイクストラ法は，**負閉路**をもたないグラフ上の最短路問題を効率的に解くことができるものである。ここで閉路とは，始点と終点が一致する経路のことであり，負閉路とは，そのコストが負である閉路のことをいう。

`Graphs` パッケージには，`dijkstra_shortest_path()` という関数があり，これを用いることでダイクストラ法を実行することができる。グラフを疎な表現で表し，ダイクストラ法を実行するプログラムが**プログラム 5-5** である。

プログラム 5-5（ダイクストラ法の実行）

```
using Graphs,SimpleWeightedGraphs
G = [
    (1, 2, 100),
    (1, 3,  30),
    (2, 3,  20),
    (3, 4,  10),
    (3, 5,  60),
    (4, 5,  50),
    (4, 2,  15)
```

```
10  ]
11  dij_sp = SimpleWeightedDiGraph(5);
12  for tv in G
13      add_edge!(dij_sp, tv[1], tv[2], tv[3]);
14  end
15  r = dijkstra_shortest_paths(dij_sp, [1], weights(dij_sp));
```

2〜10 行目で，グラフの枝を表す行列 G を定めている。各行が 1 つの枝に対応し，3 つの値はそれぞれ始点，終点，重みを表している。12〜14 行目では，G を用いてグラフの枝を追加している。12 行目の for 文によって tv は G の各行の 3 つの値をとる。それらの値 tv[1]，tv[2]，tv[3] を用いてグラフ dij_sp に枝を追加している。

15 行目では，グラフ dij_sp 上で最短路問題を解いている。ダイクストラ法で最短路問題を解く関数 dijkstra_shortest_paths() に 3 つの引数を与えている。第 1 引数はグラフ dij_sp である。第 2 引数は，求める最短路の始点を指定するベクトルである。ここでは [1] を指定しているので，点 1 を始点とし，各点を終点とする最短路が得られる。第 3 引数には最短路を求める際に用いる各枝のコストを与える。ここでは，weights(dij_sp) を与えている。これは，グラフ dij_sp の各枝のコストを表す疎行列である。weights(dij_sp) を対話型実行環境で画面に表示した例を，**実行例 5.10** に示す。

実行例 5.10

```
julia> weights(dij_sp)
5x5 LinearAlgebra.Adjoint{Float64, SparseArrays.SparseMatrixCSC{
Float64, Int64}}
with 7 stored entries:
  ⋅   100.0  30.0    ⋅     ⋅
  ⋅      ⋅   20.0    ⋅     ⋅
  ⋅      ⋅     ⋅   10.0  60.0
  ⋅    15.0    ⋅     ⋅   50.0
  ⋅      ⋅     ⋅     ⋅     ⋅
```

dijkstra_shortest_paths() の返り値 r の型は，DijkstraStates である。これはダイクストラ法の結果を保持している。この型は

(1)　dists

(2)　parents

というフィールドをもっている。実行結果 r のこれらのフィールドを表示すると，**実行例 5.11** のようになる。

実行例 5.11

```
julia> r.dists, r.parents
([0.0, 55.0, 30.0, 40.0, 90.0], [0, 4, 1, 3, 3])
```

dists と parents はともに 5 個の要素からなるベクトルである。dists[i] は始点 1 から点 i までの最短路のコストを表している。例えば，dists[4] は 40.0 であるので，始点 1 から点 4 までの最短路のコストは 40.0 である。parents は，最短路において各点の直前に訪れる点を表している。例えば，parents[4] は 3 なので，点 4 を含む最短路においては点 4 の直前に点 3 を訪れることがわかる。このことから，parents の情報によって最短路を作ることができる。parents[4] が 3 であり，parents[3] が 1 であるから，始点 1 から点 4 への最短路は $1 \to 3 \to 4$ であることがわかる。

このように，parents から最短路を作ることもできるが，最短路全体を得たい場合は enumerate_paths() を用いることもできる。例えば，実行結果 r から点 2〜5 への最短路すべてを表示するには，つぎのようにすればよい。

最短路を列挙する

```
julia> dsts = [2, 3, 4, 5];
julia> spaths = enumerate_paths(r, dsts);
julia> for (i,s) in enumerate(dsts)
           println("1 から $(s) への最短路: ", spaths[i]);
       end
1 から 2 への最短路: [1, 3, 4, 2]
1 から 3 への最短路: [1, 3]
1 から 4 への最短路: [1, 3, 4]
1 から 5 への最短路: [1, 3, 5]
```

dsts で表示させたい最短路の終点を指定する。続く enumerate_paths(r,dsts) で最短路の情報を得る。その返り値 spaths は，spaths[i] が dsts[i] を終点とする最短路を表している。

5.3 最 大 流 問 題

最大流問題は，最短路問題と並んでグラフ上の代表的な最適化問題である。最短路問題を定義するグラフでは，各枝にコストが与えられていた。一方で，最大流問題を定義するグラフでは，各枝に**容量**が与えられている。このグラフ上でものを流す方法を扱う。**図 5.4** に最大流問題を定義するグラフの例を示した。枝の脇の数字がその枝の容量を表す。各枝には，その容量を超えないだけの量のものを流すことができる。例えば，枝 $(1,3)$ には 6 までの量を流すことができる。最大流問題は，定められた始点から終点まで，各枝の容量を守りながら最大量を流す方法を見つける問題である。

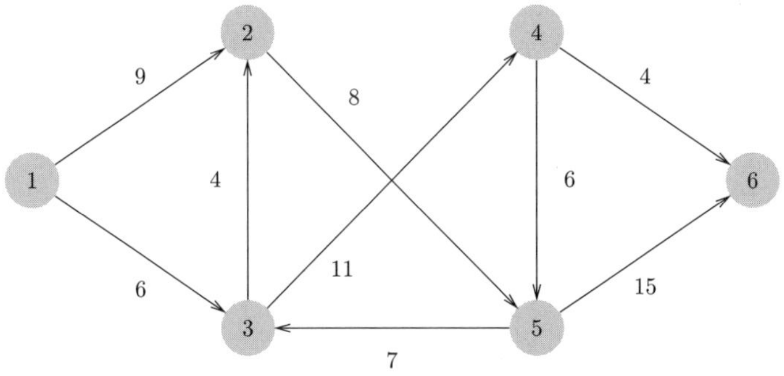

図 5.4　最大流問題の例（枝の脇の数値はその枝の容量を表す）

グラフ上で，各枝での容量を破らずにものを流す流し方を，**流れ**（フロー）とよぶ。そして，流れの中で始点から終点まで最も多くの量を流すことができるものを**最大流**とよぶ。

例えば，図 5.4 のグラフで始点が 1，終点 2 とする。まず，枝 $(1,2)$ に最大量 9 を流すことができる。点 1 から点 2 には，この他に点 3 を経由して流すことができる。具体的には，枝 $(1,3)$ を通して 4 の量を送り，それらをさらに枝 $(3,2)$ を通して点 2 に送ればよい。ここで，枝 $(1,3)$ 上でなぜ容量分の 6 ではなく 4 しか送らないかといえば，つぎに通る枝 $(3,2)$ の容量が 4 しかないからである。このようにして，点 1 から点 2 へは最大で 13 だけのものを流せることがわかった。

最大流問題では，始点と終点以外の途中で通る点で流れるものが消えたり，新たに発生したりすることはないと仮定する。例えば，点 3 に入る枝は $(1,3)$，$(5,3)$，点 3 から出る枝は $(3,2)$，$(3,4)$ であるので，枝 $(1,3)$ と枝 $(5,3)$ を通る量の和，すなわち点 3 に入る量の和は，そこから出る量の和，すなわち枝 $(3,2)$ と枝 $(3,4)$ を通る量の和と等しくなければならない。枝 (i,j) を通るものの量を f_{ij} と表すと，この関係は等式 (5.4) として表される。この関係をフロー保存則という。

$$f_{13} + f_{53} \;=\; f_{32} + f_{34} \tag{5.4}$$

枝の集合を E，点の集合を V と表すと，フロー保存則は等式 (5.5) で表される。

$$\sum_{u:(u,v)\in E} f_{uv} \;=\; \sum_{w:(v,w)\in E} f_{vw} \qquad (\forall v \in V - \{s,t\}) \tag{5.5}$$

ここで，$\displaystyle\sum_{u:(u,v)\in E}$ は，終点が v の枝についての和を表している。同様に，$\displaystyle\sum_{w:(v,w)\in E}$ は始点が v の枝についての和を表している。

グラフ上の各点でフロー保存則が成り立てば，始点から終点まで流されるものの量は，始点 s を出る量の和として表される。したがって，目的関数は式 (5.6) で定められる。

$$\sum_{v:(s,v)\in E} f_{sv} \tag{5.6}$$

各枝の**容量制約** $f_{uv} \leq c_{uv}$ とあわせて，最大流問題は線形最適化問題 (5.7) として表される。

$$
\begin{cases}
\text{最大化} \quad : \displaystyle\sum_{v:(s,v)\in E} f_{sv} & \\
\text{制約条件}: \displaystyle\sum_{u:(u,v)\in E} f_{uv} = \sum_{w:(v,w)\in E} f_{vw} & (\forall v \in V - \{s,t\}) \\
\qquad\qquad f_{uv} \leqq c_{uv} & (\forall (u,v) \in E) \\
\qquad\qquad f_{uv} \geqq 0 & (\forall (u,v) \in E)
\end{cases}
\tag{5.7}
$$

図 5.4 に示したグラフ上で，始点を 1，終点を 6 として最大流問題を解くプログラムが**プログラム 5-6** である。

プログラム 5-6（最大流問題を解くプログラム）

```
using SparseArrays
using HiGHS, JuMP

n = 6;
I = [1, 1, 2, 3,  3, 4, 4, 5,  5];
J = [2, 3, 5, 2,  4, 5, 6, 3,  6];
V = [9, 6, 8, 4, 11, 6, 4, 7, 15];
C = sparse(I, J, V, 6, 6);
max_flow = Model(HiGHS.Optimizer);
s, t = 1, 6;
@variable(max_flow,
    f[u = 1:n, v = 1:n; (u,v) in zip(I,J)] >= 0);
@objective(max_flow, Max,
    sum(f[u,v] for (u,v) in zip(I,J) if u == s));
for v in [v for v in union(I,J) if v != s && v != t]
    outedges = [(tv,u) for (tv,u) in zip(I,J) if tv == v];
    inedges = [(j,tv) for (j,tv) in zip(I,J) if tv == v];
    @constraint(max_flow,
        reduce(+, f[u,v] for (u,v) in outedges; init = 0) ==
        reduce(+, f[u,v] for (u,v) in inedges; init = 0)
    );
end
for (u,v) in zip(I,J)
    @constraint(max_flow, f[u,v] <= C[u,v]);
end
set_silent(max_flow);
optimize!(max_flow);
@show termination_status(max_flow);
@show objective_value(max_flow);
```

```
30 @show value.(f);
```

5〜8 行目で，ネットワークを表す行列 C を疎行列として定めている。10 行目では，始点 s と終点 t をそれぞれ 1 と 6 に定めている。

11，12 行目では，変数を定義している。変数は各枝 (i, j) に対して定義したいので，f[u = 1:n, v = 1:n; (u,v) in zip(I,J)] >= 0 としている。(u,v) in zip(I,J) という条件をつけているので，存在する枝 (u,v) に対してのみ変数が定義される。

13，14 行目では，目的関数を定めており，始点 s から出る枝についての変数 f_{sv} の和として定めている。15〜22 行目では，フロー保存則を定めており，15 行目では，フロー保存則を定める点 v を for 文を用いて指定している。

点 v についての反復の指定

```
for v in [v for v in union(I,J) if v != s && v != t]
```

union(I,J) で I と J の要素をすべて集めた集合を求める。これはグラフ上に存在する点集合を表す。この点集合の要素で始点 s でも終点 t でもない点 v について反復を行うことを定めている。

プログラム 5-6 の 16 行目では，点 v から出る枝を outedges として取り出している。同様に，17 行目で，点 v に入る枝を inedges として取り出している。18〜21 行目では，outedges と inedges を用いて点 v についてのフロー保存則を表す等式を定めている。19 行目の == の左辺では，点 v から出る量の和，20 行目では，点 v に入る量の和を定めている。

点 v から出る量の和

```
reduce(+, f[u,v] for (u,v) in outedges; init = 0)
```

ここで，reduce() を用いている。reduce() は第 2 引数に指定された各要素に対して，第 1 引数の演算を実行した結果を累積したものを返す。このことから，プログラム 5-6 の 19 行目の左辺によって，点 v から出る量の和が表されることがわかる。20 行目は，同様に reduce を用いて点 v に入る量の和を表している。

23～25 行目で，各枝の容量制約を定めており，27 行目では，25 行目までで定めた線形最適化問題を解いている。28～30 行目では，最適化の結果を表示している。

プログラム 5-6 を実行すると，**実行例 5.12** が得られる。

実行例 5.12

```
termination_status(max_flow) = MathOptInterface.OPTIMAL
objective_value(max_flow) = 14.0
value.(f) =   [1, 2]  =  8.0
  [1, 3]  =   6.0
  [2, 5]  =   8.0
  [3, 2]  =   0.0
  [3, 4]  =   6.0
  [4, 5]  =   2.0
  [4, 6]  =   4.0
  [5, 3]  =   0.0
  [5, 6]  =  10.0
```

これより，最大流は `14.0` であることがわかる。また，そのとき各枝を流れる量も確認できる。

この最大流を枝の脇に示したのが**図 5.5** である。枝の脇に，8/9 のように 2 つの数値を示した。右の数値が枝の容量であり，左の数値が最大流においてその枝を流れるものの量である。

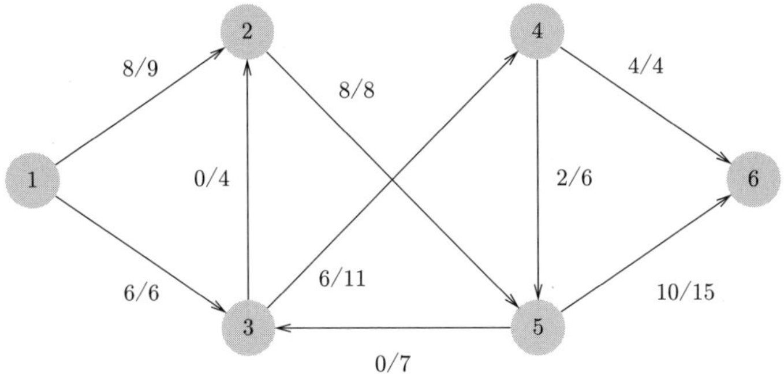

図 5.5　最大流問題の最適解（枝の脇の右の数値がその枝の容量，左の数値が最大流においてその枝を流れるものの量を表す）

ここまでの例では，最大流問題を線形最適化問題として定式化して解く方法を述べた。最大流問題は，最短路問題と同様に効率的な解法が存在する。そのような解法を実行する関数として GraphsFlows の maximum_flow() を用いることができる。この関数では，グラフを第 1 引数，始点を第 2 引数，終点を第 3 引数，各枝の容量を第 4 引数に指定する。第 1 引数に指定するグラフとしては DiGraph を用いる。

この方法で図 5.4 に示した最大流問題を解くのが**プログラム 5-7** である。

プログラム 5-7（maximum_flow() を用いて最大流問題を解くプログラム）

```
1  using Graphs, GraphsFlows, SparseArrays
2  
3  G = [
4      (1, 2,  9),
5      (1, 3,  6),
6      (2, 5,  8),
7      (3, 2,  4),
8      (3, 4, 11),
9      (4, 5,  6),
10     (4, 6,  4),
11     (5, 3,  7),
12     (5, 6, 15)
13 ];
14 n = 6;
15 mgraph = DiGraph(n);
16 capacity_matrix = spzeros(n, n);
17 for e in G
18     u, v, c = e;
19     add_edge!(mgraph, u, v);
20     capacity_matrix[u, v] = c;
21 end
22 s, t = 1, 6;
23 f, F = maximum_flow(mgraph, s, t, capacity_matrix);
24 println("最大流 : $f");
25 println("フロー:");
26 for e in G
27     if F[e[1], e[2]] > 1e-5
28         println("$(e[1]) -> $(e[2]) : $(F[e[1], e[2]])");
29     end
30 end
```

3～13 行目で，枝を表す行列 G を定めている。各行の値は，(始点，終点，容量) を表している。

15 行目では，DiGrpah(n) により 6 つの点をもつ有向グラフ mgraph を定めている。また，17〜21 行目で，add_edge!() によって有向グラフ mgraph に枝を追加するとともに，枝の容量を表す capacity_matrix[u,v] の値を定めている。capacity_matrix は，まず 16 行目ですべての要素が 0 の疎行列として定めている。そして，17〜21 行目の反復で，存在する枝 [u,v] に対する値 c を定めている。17 行目の for 文で定めている e は，始点，終点，容量の 3 つの値をもっているので，それらをそれぞれ u，v，c とする。それらを用いて，19 行目で add_edge!(u,v) によって枝 (u,v) を mgraph に追加する。また，20 行目で枝 (u,v) の容量を capacity_matrix[u,v] = c と設定し，22 行目で始点 s を 1 に，終点 t を 6 に設定している。

最後に，23 行目で maximum_flow() によって最大流問題を解く。maximum_flow() の返り値は 2 つである。1 番目が最大流の値であり，2 番目が最大流において各枝上を流れるものの量を行列形式で表したものである。

プログラム 5-7 を実行した結果が，**実行例 5.13** である。

実行例 5.13

```
最大流 : 14.0
フロー:
1 -> 2 :  8.0
1 -> 3 :  6.0
2 -> 5 :  8.0
3 -> 4 :  6.0
4 -> 5 :  2.0
4 -> 6 :  4.0
5 -> 6 : 10.0
```

6章 整数最適化問題

整数最適化問題は，数理最適化問題の中で，変数のうちのいくつかに整数条件が課されたものをいい，最適化問題 (6.1) で表される。

$$
\left\{
\begin{array}{ll}
\text{最小化} & :f(\boldsymbol{x}) \\
\text{制約条件} & :h_i(\boldsymbol{x}) = 0 \qquad (i = 1, 2, \cdots, m) \\
\text{制約条件} & :g_j(\boldsymbol{x}) \leqq 0 \qquad (j = 1, 2, \cdots, p) \\
 & \ \ \boldsymbol{x} \in \mathbb{R}^n \\
 & \ \ x_1, x_2, \cdots, x_l \text{は整数}
\end{array}
\right.
\tag{6.1}
$$

ここでは特に，線形最適化問題に整数条件が課された問題 (6.2) を整数最適化問題ということにする。

$$
\left\{
\begin{array}{ll}
\text{最小化} & :\boldsymbol{c}^\top \boldsymbol{x} \\
\text{制約条件} & :\boldsymbol{A}\boldsymbol{x} \leqq \boldsymbol{b} \\
 & \ \ \boldsymbol{x} \in \mathbb{R}^n \\
 & \ \ x_1, x_2, \cdots, x_l \text{は整数}
\end{array}
\right.
\tag{6.2}
$$

変数ベクトル $\boldsymbol{x}$ は n 次元の実ベクトルであるが，これらの n 個の要素のうち，$x_1, x_2, \cdots, x_l$ の l 個に整数条件が課されている。残りの $n - l$ 個には整数条件は課されない。この問題では連続変数と整数変数が混ざっているので，“混合” 整数最適化問題ということもある。本書ではそのようによばず，整数最適化問題とよぶことにする。

6.1 集合分割問題

集合分割問題は，集合をその部分集合に分割する方法を扱う。いま，集合 $S = \{1, 2, \cdots, n\}$ が与えられたとする。これらの要素を重複なく，もれなくその部分集合に分割したい。

S の部分集合として $U_i \subseteq S$ $(i = 1, 2, \cdots, p)$ が与えられたとする。S の**分割**とは，$U_i \cap U_j = \emptyset$ $(i = 1, 2, \cdots, p, \quad j = 1, 2, \cdots, p)$ かつ $\displaystyle\bigcup_{i=1}^{p} U_i = S$ となるような U_i の集合のことをいう。例えば，$S = \{1, 2, 3, 4, 5\}$ の部分集合として，つぎに示す $U_1, U_2, \cdots, U_6$ が与えられたとする。

$$
\begin{aligned}
U_1 &= \{1, 3\}, \quad U_2 = \{2, 4\}, \quad U_3 = \{1, 5\}, \\
U_4 &= \{3, 5\}, \quad U_5 = \{5\}, \quad U_6 = \{1\}
\end{aligned}
$$

ここで，U_1，U_2，U_5 は S の分割となっている。実際，$U_i \cap U_j = \emptyset$ $(i, j = 1, 2, 5,$ $i \neq j)$ であり，$U_1 \cup U_2 \cup U_5 = \{1, 2, 3, 4, 5\} = S$ である。また，U_2，U_4，U_6 はもう 1 つ別の分割である。

ここで，部分集合 U_i を採用するコスト c_i を導入する。そのようにして，分割のコストを，その分割に含まれる部分集合のコストの和として定義する。例えば，分割 U_1，U_2，U_5 のコストは $c_1 + c_2 + c_5$ と定める。

集合分割問題は，集合 S の分割の中で，そのコストが最小のものを求める問題である。上記の S に対する分割は U_1，U_2，U_5 と U_2，U_4，U_6 の 2 つしかないので，$c_1 + c_2 + c_5 < c_2 + c_4 + c_6$ であれば U_1，U_2，U_5 が集合分割問題の最適解であり，$c_1 + c_2 + c_5 > c_2 + c_4 + c_6$ であれば U_2，U_4，U_6 が集合分割問題の最適解である。

集合分割問題は，制約条件が等式である 0–1 整数最適化問題として定式化できる。制約条件

$$
\boldsymbol{A}\boldsymbol{x} = \boldsymbol{b}
$$

における行列 $\boldsymbol{A}$ の第 j 列を部分集合 U_j に対応させる。そして，$\boldsymbol{A}$ の第 i 行を要素 $i \in S$ に対応させる。そのようにして，$i \in S$ が U_j に含まれるとき (i, j) 成分を $a_{ij} = 1$ とし，含まれないとき $a_{ij} = 0$ とする。そのようにすると，上記の集合分割問題に対する制約行列 $\boldsymbol{A}$ は，式 (6.3) で表される。

$$\boldsymbol{A} = \begin{bmatrix} 1 & 0 & 1 & 0 & 0 & 1 \\ 0 & 1 & 0 & 0 & 0 & 0 \\ 1 & 0 & 0 & 1 & 0 & 0 \\ 0 & 1 & 0 & 0 & 0 & 0 \\ 0 & 0 & 1 & 1 & 1 & 0 \end{bmatrix} \tag{6.3}$$

例えば，1 列目は部分集合 U_1 に対応するが，この U_1 の要素は 1 と 3 である。したがって，1 行目と 3 行目が 1 であり，それ以外は 0 である。決定変数としては，部分集合 U_j を採用するとき 1，そうでないとき 0 をとる 0–1 変数 x_j を導入する。そして，制約式の右辺ベクトル $\boldsymbol{b}$ は，すべての成分が 1 のベクトルとする。このようにすることで，集合分割問題の制約式は式 (6.4) で表される。

$$\begin{bmatrix} 1 & 0 & 1 & 0 & 0 & 1 \\ 0 & 1 & 0 & 0 & 0 & 0 \\ 1 & 0 & 0 & 1 & 0 & 0 \\ 0 & 1 & 0 & 0 & 0 & 0 \\ 0 & 0 & 1 & 1 & 1 & 0 \end{bmatrix} \begin{bmatrix} x_1 \\ x_2 \\ x_3 \\ x_4 \\ x_5 \\ x_6 \end{bmatrix} = \begin{bmatrix} 1 \\ 1 \\ 1 \\ 1 \\ 1 \end{bmatrix} \tag{6.4}$$

例えば，要素 $1 \in S$ に対する制約式は，式 (6.4) の左辺の 1 行目であり

$$x_1 + x_3 + x_6 = 1$$

となるが，これは 1 を含む部分集合 U_1，U_3，U_6 のうちのちょうど 1 つが分割に含まれる，という制約を表している。

集合分割問題の目的関数は，$\displaystyle\sum_{i=1}^{n} c_j x_j$ と表される。ここで，n は部分集合の数とする。

まとめると，$S = \{1, 2, \cdots, m\}$ に対してその部分集合 $U_j \subseteq S$ $(j = 1, 2, \cdots, n)$ とコスト c_j $(j = 1, 2, \cdots, n)$ が与えられたときの集合分割問題は，つぎの 0–1 整数最適化問題 (6.5) として定式化される。

$$\begin{cases} \text{最小化} & : \displaystyle\sum_{j=1}^{n} c_j x_j \\ \text{制約条件} & : \boldsymbol{A}\boldsymbol{x} = \boldsymbol{1} \\ & \quad x_j \in \{0, 1\} \qquad (j = 1, 2, \cdots, n) \end{cases} \tag{6.5}$$

ただし，$\boldsymbol{A}$ の (i, j) 要素は，$i \in S$ が U_j に含まれるとき 1，それ以外のとき 0 である定数とする。この集合分割問題を解くためのプログラムを**プログラム 6-1** に示した。

プログラム **6-1**（集合分割問題を解くプログラム）

```
using JuMP, HiGHS

n = 5;
S = 1:n;
U = Dict(
    1 => [1,3], 2 => [2,4], 3 => [1,5],
    4 => [3,5], 5 => [5], 6 => [1]
    );
c = Dict(
    1 => 10, 2 => 20, 3 => 12,
    4 => 15, 5 => 20, 6 => 3
    );
sc = Model(HiGHS.Optimizer);
@variable(sc, x[keys(c)], Bin);
@objective(sc, Min, sum(c[j]*x[j] for j in keys(c)));
@constraint(sc, [i in S],
    sum(x[j] for j in keys(c) if i in U[j]) == 1);
set_silent(sc);
optimize!(sc);
if termination_status(sc) == OPTIMAL
    println("最適値:",objective_value(sc))
    for j in keys(c)
        if value(x[j]) > 0.5
            println(x[j], ":", value(x[j]), ", cost[$j]:$(c[j])");
        end
    end
end
```

3行目で部分集合の数 `n` を `5` と定めている。集合の部分集合 U_i とそれらのコストは辞書で定める。5〜12行目がその辞書を定める部分である。

部分集合を表す辞書を定める

```
U = Dict(
    1 => [1,3], 2 => [2,4], 3 => [1,5],
    4 => [3,5], 5 => [5], 6 => [1]
    );
```

プログラム6-1の4行目で分割の対象である集合 `S` を定め，5行目で `U` を辞書として定めるために，`Dict()` の括弧内にキーと値のペアをカンマで区切って6つ並べている。6行目では `1 => [1,3]` により，キーが1，値がベクトル `[1,3]` であるペアを定めている。これより，`U[1]` によって `[1,3]` が得られるようになる。

9〜12行目では，各部分集合のコスト `c` を定めている。このコストは，`U` と同じキーをもつ辞書として定める。

14行目では，変数を生成している。変数は各部分集合に対して定義するので，`c` のキーの集合 `keys(c)` を用いて `x[keys(c)]` としている。

15行目では目的関数を定め，16，17行目では，`S` の各要素 `i` が分割をなす部分集合のいずれかにちょうど1回含まれるという条件を定めている。

制約式

```
@constraint(sc, [i in S],
    sum(x[j] for j in keys(c) if i in U[j]) == 1)
```

この制約式は集合 `S` の各要素に対して定められるので，第2引数を `[i in S]` としている。また，`i` が含まれる部分集合 `U[j]` に対する変数 `x[j]` に対してだけ和をとりたいので，`for` 文はつぎのようにしている。

`i` を含む部分集合についての反復

```
for j in keys(c) if i in U[j]
```

プログラム6-1の19行目で最適化を実行し，20〜27行目で得られた結果を表示している。

プログラム 6-1 を実行すると，**実行例 6.1** が得られる。

実行例 6.1

```
最適値:38.0
x[4]:1.0, cost[4]:15
x[6]:1.0, cost[6]: 3
x[2]:1.0, cost[2]:20
```

これより，最適解は $x_2 = x_4 = x_6 = 1$，$x_1 = x_3 = x_5 = 0$ であり，最適値は 38.0 であることがわかる。つまり，U_2，U_4，U_6 による分割が最もコストが小さい分割である。

集合分割問題は，広い範囲の問題の定式化に有効である。その例としては，航空機スケジューリング，スポーツリーグの試合のスケジューリング，サービス業におけるスタッフのスケジューリング，宅配便の配送計画問題などが挙げられる。これらのうち，ここでは配送計画問題を取り上げる。

配送計画問題は，拠点とよばれる場所に集められた複数の荷物を，複数のトラックに積み込んで配送する計画を作成する問題である[7)]。この問題は，集合分割問題として定式化できる。

配送計画問題では，分割する集合 S は，配送する荷物の集合となる。これを $S = \{1, 2, \cdots, m\}$ とする。そして，分割を構成する部分集合 $U_i \subseteq S$ は，1 台のトラックが配送する荷物の集合に対応する。例えば，荷物 $S = \{1, 2, 3, 4, 5\}$ のうちの 2，4，5 をあるトラックが配送するとすると，$U_i = \{2, 4, 5\}$ と表される。各部分集合 U_i に対するコストは，含まれる荷物を添え字の小さい順に運ぶ際の移動距離で定めることにする。実際には荷物を運ぶ順序によってこのコストは異なりうるが，ここでは添え字の小さい順に運ぶと仮定する。配送計画問題では，この部分集合のことを配送ルートともよぶ。

ここでは，$S = \{1, 2, \cdots, 10\}$ とし，荷物 $i \in S$ の配送先の位置の x 座標と y 座標は擬似乱数によって定める。そして，i の配送先と j の配送先との距離を，それらの間のユークリッド距離で定める。配送ルートのコストは，そのルートでの移動距離の総和として定める。

さて，S の部分集合は非常にたくさんあり，その総数は 2^m である。そこで，この例ではそのうちの 100 個の部分集合をランダムに生成することにする。部分集合を生成するには，$(1, 2, \cdots, m)$ という数列をランダムに並べ替え，その先頭から順にランダムな個数だけ取り出す，という方法を採用する。

配送先の位置を擬似乱数で生成したうえで，ランダムに生成した配送ルートを用いて配送計画問題を集合分割問題として解くプログラムを，**プログラム 6-2** に示した。

プログラム 6-2（配送計画問題を解くプログラム）

```
using HiGHS, JuMP, Random, Statistics, LinearAlgebra

m = 10;
S  = 1:m;
depot = m+1;
Random.seed!(1);
xc = rand(1:1.0:50, m+1);
yc = rand(1:1.0:50, m+1);
xc[m+1] = mean(xc[1:m]);
yc[m+1] = mean(yc[1:m]);
dist = zeros(m+1, m+1);
for i in 1:(m+1), j in 1:(m+1)
    dist[i,j]
         = LinearAlgebra.norm([xc[i] - xc[j], yc[i] - yc[j]], 2);
    dist[i,j] = Int(trunc(dist[i,j]));
end

n = 100;
depot = m+1;
max_rtlen = Int(trunc(2/3*m));
tlength = rand(1:max_rtlen, n);
U = Dict();
for j in 1:n
    U[j] = [depot];
    union!(U[j], randperm(MersenneTwister(j), m)[1:tlength[j]]);
    push!(U[j], depot);
end
c = Dict();
for j in 1:n
   c[j] = sum([dist[k,l] for (k,l)
    in zip(U[j][1:length(U[j]) - 1], U[j][2:length(U[j])])]);
end
vrp = Model(HiGHS.Optimizer);
@variable(vrp, x[keys(c)], Bin);
```

```
35 @objective(vrp, Min, sum(c[j]*x[j] for j in keys(c)));
36 @constraint(vrp, [i in S], sum(x[j] for j in keys(c)
37     if i in U[j]) == 1);
38 set_silent(vrp);
39 optimize!(vrp);
40 if termination_status(vrp) == OPTIMAL
41     println("最適値: ",round(objective_value(vrp)));
42     custs_assigned = Set();
43     for j in keys(c)
44         if value(x[j]) > 0.5
45            print("x[$j]: $(value(x[j])), cost[$j]: $(round(c[j]))");
46            println(", U[$j]: $(U[j])");
47            union!(custs_assigned, U[j]);
48         end
49     end
50     println("配送される荷物: ",
51         sort!([i for i in custs_assigned if i != depot]));
52 end
```

このプログラムでは，配送先を 1～m と表し，拠点を m+1 で表している。3 行目では，配送先の数を表す m を設定し，4 行目で，配送先の集合を表す S を 1～m までの整数の集合として定めている。5 行目で，拠点を表す depot を m+1 と定め，6 行目では，擬似乱数の種を設定している。

7，8 行目では，各配送先と拠点の座標 xc と yc を擬似乱数を用いて定めている。

座標の設定

```
xc = rand(1:1.0:50, m+1);
yc = rand(1:1.0:50, m+1);
```

1:1.0:50 は，1 から始まり 1.0 間隔で 50 までの値を表す。これらの値の中から m+1 個をランダムに選んだものを xc としている。yc も同様である。

プログラム 6-2 の 9，10 行目では，拠点の座標 xc[m+1]，yc[m+1] を配送先の座標の平均 mean(xc[1:m])，mean(yc[1:m]) を用いて上書きしている。このようにすることで，拠点が配送先の中の中央あたりに位置することになる。

11～16 行目で 2 点間の距離 dist を定めている。まず，すべての距離を 0 で初期化する。そして，for 文による反復で，dist[i,j] の値を計算により設定し，値は LinearAlgebra.norm() を用いて計算したユークリッド距離を設定している。15 行目では，13，14 行目で計算した値 dist[i,j] を丸めて整数にしたものを改めて dist[i,j] としている。

20〜27 行目では，S の部分集合 U[j] を n 個だけランダムに生成している。20 行目は，U[j] に含まれる要素数の最大値 max_rtlen を m のおよそ 2/3 として設定している。trunc() は引数として与えた値を切り捨てるものであり，Int() は引数に与えた値を整数に変換するものである。

各部分集合 U[j] を生成する方法としては，ベクトル [1,2,···,m] をランダムに並べ替えたものの先頭から，max_rtlen 個以下のランダムな個数の要素を取り出すという方法をとる。例えば，[1,2,3,4,5,6,7,8,9,10] をランダムに並べ替えた結果として [1,3,5,2,9,4,7,6,8,10] を得たとする。つぎに，擬似乱数により 1 以上 max_rtlen 以下の値を定める。これが 4 だったとすると，並べ替えた数列から先頭の 4 つを取り出した [1,3,5,2] を部分集合として用いる。これを 100 回繰り返すことで部分集合 U[j] を 100 個生成する。

100 個の部分集合を生成するには，先頭から何個を取り出すかを定めるランダムな整数が 100 個必要である。これらの数 tlength を 21 行目で定めている。

部分集合として取り出す長さ

```
tlength = rand(1:max_rtlen, n);
```

rand(1:max_rtlen,n) は，1 以上 max_rtlen 以下の整数の擬似乱数 n 個を要素とするベクトルを生成する。この tlength を用いて，[1,2,···,m] を並べ替えたベクトルの先頭から tlength[j] 個の要素を取り出すことで，U[j] とする。

22〜27 行目では，実際に U を設定している。

辞書として U を設定する

```
U = Dict();
for j in 1:n
    U[j] = [depot];
    union!(U[j], randperm(MersenneTwister(j), m)[1:tlength[j]]);
    push!(U[j], depot);
end
```

プログラム 6-2 の 22 行目は，部分集合を表す U を辞書として初期化している。23〜27 行目では，n 個の部分集合 U[1], U[2], ⋯, U[n] を生成している。プログラムでは，U[j] からそのコストを求める必要がある。そこで，U[j] の先頭と末尾の要素として拠点を表す depot を追加することにする。24 行目では，U[j] をただ 1 つの要素 depot をもつベクトルとし，25 行目では，U[j] に配送先を表すベクトルを追加している。union!() は，第 1 引数に指定したベクトルに，第 2 引数で指定したベクトルを追加するものである。ここで第 2 引数では，randperm() を用いている。

擬似乱数を用いた並べ替え

```
randperm(MersenneTwister(j), m)[1:tlength[j]]
```

randperm() は，1 から第 2 引数で与えた整数までの整数列をランダムに並べ替えるものである。ここでは第 2 引数に m を指定しているので，1〜m までの m 個の整数をランダムに並べ替えたものが得られる。第 1 引数では，用いる擬似乱数として MersenneTwister（メルセンヌツイスター）を用いることを指定している。プログラム 6-2 の 26 行目では，U[j] の末尾に depot を追加している。これで，部分集合 U_j を表す U[j] が生成される。例えば，U[3]=[11,3,2,5,4,11] のようになる。最初の 11 と最後の 11 がともに拠点を表しており，配送先はそれ以外の 3，2，5，4 である。

28〜32 行目では，部分集合 U[j] のコスト c[j] を計算している。

部分集合のコストの計算

```
c = Dict();
for j n 1:n
   c[j] = sum([dist[k,l] for (k,l)
    in zip(U[j][1:length(U[j]) - 1], U[j][2:length(U[j])])]);
end
```

プログラム 6-2 の 28 行目は，コストを表す c を辞書として初期化している。30, 31 行目では，c_j に対応する c[j] を計算している。c[j] は U[j] で訪問する配送先間の移動距離の和で定められる。いま，訪問順序が

$$11 \to 5 \to 3 \to 2 \to 7 \to 9 \to 11$$

であるとすると，c[j] は

距離の計算 1

```
dist[11,5]+dist[5,3]+dist[3,2]+dist[2,7]+dist[7,9]+dist[9,11]
```

と定められる。プログラムでは，ベクトル U[j] が訪問順序 [11,5,3,2,7,9,11] を表しており，コスト c[j] は，つぎの式で定められる。

距離の計算 2

```
dist[U[j][1],U[j][2]] + dist[U[j][2],U[j][3]]
+ dist[U[j][3],U[j][4]] + dist[U[j][4],U[j][5]]
+ dist[U[j][5],U[j][6]] + dist[U[j][6],U[j][7]]
```

したがって，c[j] を計算するには

```
c[j] = sum([dist[k,l] for (k,l) ··· ])
```

の (k,l) の値が (U[j][1],U[j][2])，(U[j][2],U[j][3])··· となるようにすればよい。このためにプログラム 6-2 の 31 行目では，zip を用いている。zip(a,b) を用いると，a の第 i 要素と b の第 i 要素からなるペア (a[i],b[i]) を得ることができる。さて，a=[11,5,3,2,7,9]，b=[5,3,2,7,9,11] に対して zip(a,b) を用いると

```
(11,5), (5,3), (3,2), (2,7), (7,9), (9,11)
```

が得られる。したがって，これを (k,l) として dist[k,l] の和を計算すれば，c[j] を得ることができる。ここで設定した a=[11,5,3,2,7,9] は，U[j] の 1 番目の要素から最後から 1 つ前の要素までを並べたベクトルである。また，b=[5,3,2,7,9,11] は，U[j] の 2 番目の要素から最後の要素までを並べたベクトルである。したがって，a は U[j][1:length(U[j])−1] で，b は U[j][2:length(U[j])] で表される。これらより，29〜32 行目の for 文によって c[j] が計算できることがわかる。

34 行目は，keys(c) の各値に対して変数を生成するものである。これらの変数を用いて，35 行目で目的関数を設定している。

変数の生成と目的関数の設定

```
@variable(vrp, x[keys(c)], Bin);
@objective(vrp, Min, sum(c[j]*x[j] for j in keys(c)));
```

プログラム 6-2 の 36，37 行目では，S の各要素がちょうど 1 つの採用される部分集合に含まれる制約を課している。各 $i \in S$ に対して変数の和 x[j] が 1 であることを課しているが，和に含まれるのは i がベクトル U[j] に含まれるとき，すなわち配送ルート U_j に配送先 i が含まれるときのみである。

39 行目で，ここまで定めた整数最適化問題を解き，40〜52 行目で，最適化の結果を表示している。

プログラム 6-2 により，**実行例 6.2** が得られる。

実行例 6.2

```
最適値:209.0
x[10]: 1.0, cost[10]: 94.0, U[10]: [11, 5, 1, 10, 11]
x[20]: 1.0, cost[20]: 40.0, U[20]: [11, 7, 3,  9, 11]
x[40]: 1.0, cost[40]: 75.0, U[40]: [11, 8, 4,  6,  2, 11]
配送される荷物: [1, 2, 3, 4, 5, 6, 7, 8, 9, 10]
```

これから，最適な配送計画は配送ルート 10，20，40 の組合せであり，そのときの総コストは 209.0 であることがわかる。これら 3 つのルートで，10 個の荷物すべてが配送されることがわかる。

配送計画問題の解は，画面で見るとわかりやすい場合がある。そこで，この配送ルートをプロットするプログラムを**プログラム 6-3** に示す。

プログラム 6-3（配送ルートをプロットするプログラム）

```
using Plots
function plot_routes(xc, yc, U, x)
    plt = Plots.plot();
    cnt = 0;
    styles = [:dash, :solid, :dot, :dashdot, :dashdotdot];

    for (j, route) in U
        if value(x[j]) > 0.5
```

```
9                 cnt += 1;
10                Plots.plot!([xc[i] for i in route],
11                    [yc[i] for i in route], label = string("Route ", j),
12                    xlabel = "x Coordinates",
13                    ylabel = "y Coordinates",
14                    line = (4, styles[cnt], :black),
15                    legend = :outertopright
16                );
17            end
18        end
19        Plots.scatter!(xc[1:m], yc[1:m],
20            label = "Customers", color = :black, markersize = 8);
21        Plots.scatter!([xc[m+1]], [yc[m+1]],
22            label = "Depot", color = :black, m = :rect, markersize = 8);
23        return plt
24    end
25    plt = plot_routes(xc, yc, U, x);
```

1 行目で，`using` を用いてプロットに用いるパッケージ `Plots` を使えるようにする。

2〜24 行目で，プロットするための関数 `plot_routes(xc,yc,U,x)` を定義している。引数の `xc`，`yc` には，プログラム 6-2 で用いた座標を表す `xc` と `yc` を指定する。引数 `U` には同じくプログラム 6-2 で用いた辞書 `U` を指定する。また，引数 `x` にはプログラム 6-2 を実行して得た集合分割問題の最適解を指定する。

3 行目では，`Plots.plot()` によってオブジェクト `plt` を生成し，4 行目では，プロットしたルートの本数を数える変数 `cnt` を `0` に設定している。

5 行目では，ルートの描画に用いる線種を設定している。ここでは 5 つのみの設定なので，描画できるルートは最大で 5 本である。

7 行目の `for` 文で，`U` の各要素についての反復処理を行うことを指定している。`(j,route) in U` によって，辞書 `U` のキー `j` と値 `route` のペアが順に得られる。キーは部分集合 U_j の添え字 j であり，値は U_j を表すベクトルである。**実行例 6.3** は，`(j,route)` を表示するプログラムを対話型実行環境で実行したものである。

実行例 6.3

```
julia> for (j, route) in U
           println("j: ", j, ", U[j]: ", U[j]);
       end
j:56, U[j]:[11, 4,  3, 7, 10, 5, 8, 11]
j:35, U[j]:[11, 6,  7, 8, 5, 11]
j:55, U[j]:[11, 8, 11]
⋮
```

プログラム 6-3 の 8〜17 行目は，最適解において `x[j]` が 1 である配送ルート `U[j]` を描画する処理である。8 行目の `if` 文は，集合分割問題の最適解に対応する `U[j]` のみを描画することを指定している。10〜16 行目が `plot!()` を用いて実際に描画を行っている部分である。`plot!()` は，例えば `plot!([1,4,2],[3,5,2])` を実行すると，3 つの点 $(1,3)$，$(4,5)$，$(2,2)$ を順に結んだ折れ線を描画する。したがって，`plot!()` の第 1 引数に `U[j]` の要素の x 座標を表すベクトル，第 2 引数に `U[j]` の要素の y 座標を表すベクトルを与えることで，`U[j]` の表す配送ルートを描画することができる。配送先の x 座標を順に並べたベクトルは `[xc[i] for i in route]` で得られる。y 座標も同様である。`xlabel`，`ylabel` はそれぞれ横軸と縦軸の説明として表示する文字列を指定するものである。`line` は線のスタイルを指定するもので，`4` で線の太さ，`styles[cnt]` で線の種類，`:black` で線の色を指定している。`styles[cnt]` は 5 行目で定めた `styles` の `cnt` 番目の要素を表す。`legend=:outertopright` は，凡例を図外の右上に示すように指定するものである。

このプログラムによって得られた図を**図 6.1** に示した。図中の Customers は配送先，Depot は拠点を表す。3 つのルートを異なる種類の線で表示している。図に示したルートは，それほど効率のよいルートには見えない。その原因の 1 つは，候補のルート U_i を 100 本に限定したことにありそうである。そこで，プログラム 6-2 の 18 行目を `n = 10000` とすることで，候補のルート数を 100 から 10 000 にし，再度プログラム 6-2 を実行する。そのようにして得られた最適解をプログラム 6-3 を用いてプロットすると，**図 6.2** が得られる。このときの

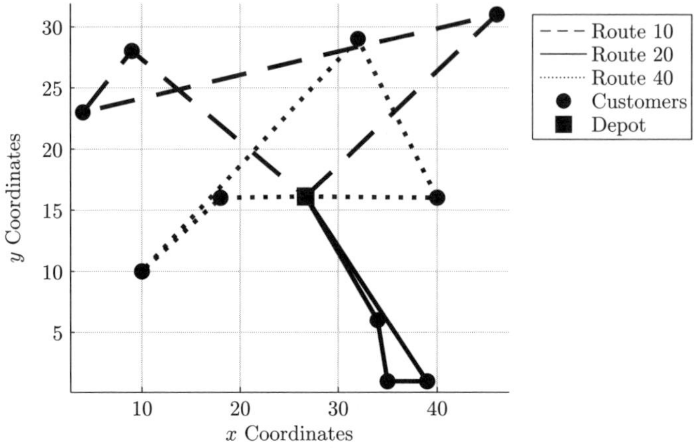

図 6.1　100 本のルート候補を用いたときの最適な配送ルート

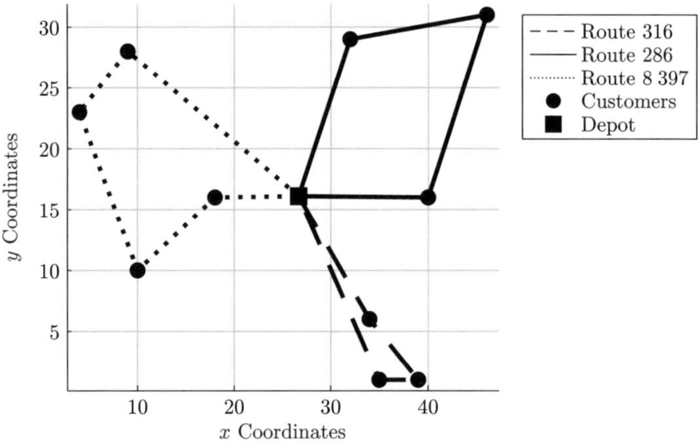

図 6.2　10 000 本のルート候補を用いたときの最適な配送ルート

最適値は 156 であり，100 本のルート候補を用いた場合の 209 よりもかなり小さい値となった。では，より多くのルート候補を用いると，最適値はさらに大きく改善するのだろうか。今度は候補を 10 000 本から 50 000 本に増やして実行してみる。すると，**図 6.3** に示した配送ルートが最適解として得られる。このときの最適値は 152 であり，100 本から 10 000 本に増やしたときよりも改善の度合が小さい。

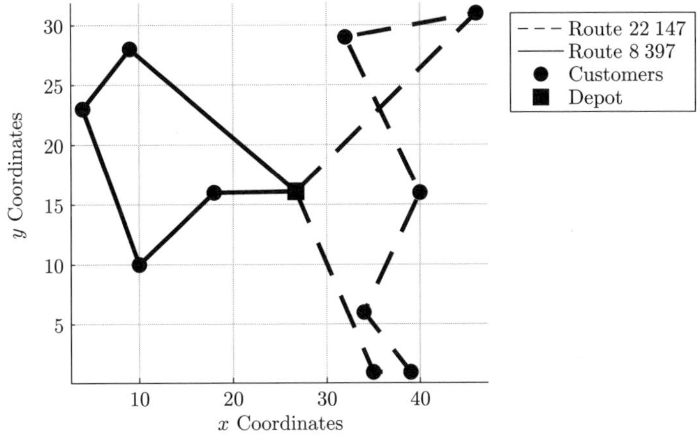

図 **6.3** 50 000 本のルート候補を用いたときの最適な配送ルート

では，一気に 300 000 本まで増やしたらどのようになるだろうか。このあたりから，プログラムの実行に数十秒以上[†]掛かるようになる。300 000 本のルート候補を用いたときの最適値は 142 である。さらに，500 000 本まで増やしたときの最適解は 142 で変わらなかった。

ここでは，配送先の数はわずか 10 であった。実際に解きたい配送計画問題は，配送先が数百，トラック台数が数十台を超えることも珍しくなく，ここで述べたような素朴な列挙を用いた方法は実用的ではない。しかし，ここで実行した例により，配送計画問題を集合分割問題に定式化して近似最適解を求める方法の基本的な部分は，理解することができるはずである。

実際に大規模な配送計画問題を解く場合は，問題の双対情報を用いて別の最適化問題を解くことでよいルート候補を求めたり，**メタヒューリスティクス**を用いて近似解を求めたりすることが多い[8),9)]。

6.2 巡回セールスマン問題

巡回セールスマン問題では，n 個の都市の集合 $I = \{1, 2, \cdots, n\}$ と，任意の

† Windows 11, Intel Core i9-11950@2.60 GHz, 64 GB RAM

2 都市 $i, j \in I$ の間の距離 c_{ij} が与えられる。都市のうち，1 は特別でこれを拠点とよぶことにする。拠点 1 を出発し，他の $n-1$ 個の都市をちょうど一度ずつ訪れ，その後に拠点 1 に帰る経路を**巡回路**とよぶ。例えば，6 つの都市からなる巡回セールスマン問題において，$1 \to 3 \to 4 \to 2 \to 5 \to 6 \to 1$ と順に都市をめぐる経路は，巡回路の 1 つの例である（図 **6.4**）。

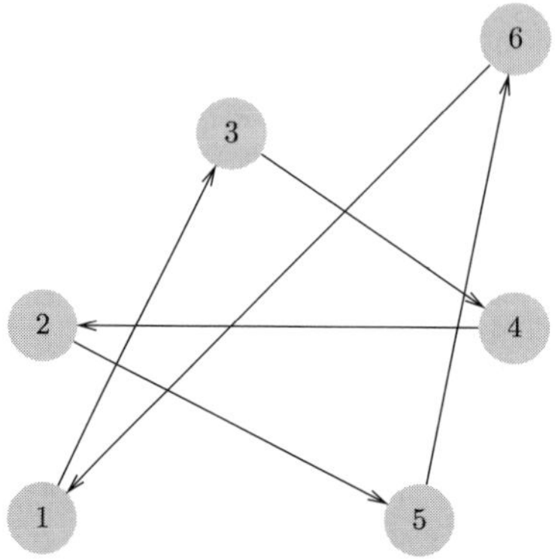

図 **6.4**　巡回路の例

巡回路に含まれる枝 (i, j) のコスト c_{ij} の総和を，その巡回路のコストという。巡回セールスマン問題は，巡回路の中で最もコストの小さなものを見つける問題である。

各都市に対して点を 1 つ定義することで点集合 $V = \{1, 2, \cdots, n\}$ を定義し，V の任意の 2 点間に枝 (i, j) を定義することで，枝集合 $E = \{(i, j) \mid i, j \in V, i \neq j\}$ を定義する。これら V と E で**完全グラフ** $G = (V, E)$ が定義される。完全グラフとは，グラフ上の任意の 2 点間に枝があるグラフのことをいう。巡回セールスマン問題は，この完全グラフ上で，最小のコストの巡回路を求める最適化問題と考えることができる。

巡回路の数は $(n-1)!$ 本と有限であるから，これらの巡回路のコストをすべて計算して最も小さなものを特定すれば，最適解が求まる。巡回セールスマン問題にはこの自明な解法が存在するが，これを実行することは現実的でない。なぜなら，$(n-1)!$ は n が大きくなるにつれて大変な勢いで大きくなる数だからである。例えば，$50! = 3.0 \times 10^{64}$ という次第である。

そこで，この自明な解法以外の方法が必要である。よく用いられるのはメタヒューリスティクスであり，短時間で十分によい解（最適解に近いコストをもった巡回路）が得られることが経験的に知られている。ここでは，メタヒューリスティクスは用いず，整数最適化問題に定式化することで，巡回セールスマン問題を解く方法を扱う。

まず，0 か 1 の値をとる決定変数 x_{ij} を，各枝 (i, j) に対して導入する。x_{ij} が 1 であれば (i, j) が巡回路に含まれ，0 であれば含まれないことを表す。この変数を用いると，巡回セールスマン問題の目的関数は，式 (6.6) で表される。

$$\sum_{i=1}^{n}\sum_{j=1}^{n} c_{ij}x_{ij} \tag{6.6}$$

あとは，x_{ij} の値が巡回路を表すように制約式を定めればよい。

6.2.1 不完全な定式化

巡回路においては，各都市にはちょうど 1 回入り，ちょうど 1 回出る。都市 j に入る枝に関する変数 x_{ij} の和は $\sum_{i=1}^{n} x_{ij}$ だから，これが 1 に等しくなければならない。この制約は，式 (6.7) で表される。

$$\sum_{i=1}^{n} x_{ij} \ = \ 1 \qquad (j = 1, 2, \cdots, n) \tag{6.7}$$

同様に，都市 i から出る枝に関する制約は，式 (6.8) で表される。

$$\sum_{j=1}^{n} x_{ij} \ = \ 1 \qquad (i = 1, 2, \cdots, n) \tag{6.8}$$

式 (6.6) を目的関数，式 (6.7) と式 (6.8) を制約式とする整数最適化問題を解くプログラムが**プログラム 6-4** である。

プログラム 6-4（巡回セールスマン問題を解くプログラム（不完全））

```
using JuMP, HiGHS

n = 5;
```

```
4   I = 1:n;
5   c=[
6       0   2  3  10  11
7       2   0  2  12  21
8       4   1  0  11  15
9       9  12  8   3   5
10      8  13  7   4   0
11  ];
12  tsp = Model(HiGHS.Optimizer);
13  @variable(tsp, x[I,I], Bin);
14  @objective(tsp, Min, sum(c.*x));
15  @constraint(tsp, [i in I], x[i,i] == 0);
16  @constraint(tsp, [j in I], sum(x[:,j]) == 1);
17  @constraint(tsp, [i in I], sum(x[i,:]) == 1);
18  set_silent(tsp);
19  optimize!(tsp);
20  @show termination_status(tsp);
21  @show objective_value(tsp);
22  print("巡回路に含まれる枝: ");
23  for i in I, j in I
24      if value(x[i,j]) > 0.5
25          println("$i->$j, ");
26      end
27  end
```

3 行目で，都市の数 n を 5 と設定し，4 行目で，都市の集合を I として定めている。I の要素は 1 以上 n 以下の整数である。都市間の移動コスト c[i,j] は，5〜11 行目で行列として定義している。

13 行目で，0–1 変数 x を定義している。変数は 2 つの添え字 i と j をもつが，いずれも I の要素であるので x[I,I] としている。これらは 0–1 変数としたいので，第 3 引数に Bin を与えている。

14 行目は，目的関数を設定するものである。sum(c.*x) は c と x の要素ごとの積の和を表す。

15 行目では，都市 i を出て同じ都市 i に入る移動は許されないという条件を課している。この条件は，x[i,i] == 0 として表される。都市 i から i への移動がないことを，変数 x[i,i] を定義しないという方法で扱うこともできるが，巡回セールスマン問題ではいったん x[i,i] を定義したうえで，この制約

x[i,i] == 0 を課したほうが，プログラムの見通しがよい。

16 行目では，点 j にちょうど 1 回入る制約を，17 行目では，点 i からちょうど 1 回出る制約を課している。

19 行目で，最適化問題 tsp を解き，20 行目以降で，その結果を表示している。

プログラム 6-4 を実行した例が**実行例 6.4** である。

実行例 6.4

```
termination_status(m) = MathOptInterface.OPTIMAL
objective_value(m) = 15.0
巡回路に含まれる枝: 1->3, 2->1, 3->2, 4->5, 5->4,
```

これより，最適解として $x_{13} = x_{21} = x_{32} = x_{45} = x_{54} = 1$ が得られる。この最適解を図示したものが，**図 6.5** である。残念ながら，これは巡回路になっていない。というのは，1 から出発して 3 と 2 を訪問した後，4 と 5 は訪問せずに 1 に帰ってしまうからである。このように，ある点から出て他の点をめぐって元の点に戻るが，2 つ以上の部分に分かれてしまっている経路を，**部分巡回路**とよぶ。ここで得られた最適解は，確かに制約式 (6.7)，(6.8) を満たしている。しかし巡回路になっていない。これは，x_{ij} が巡回路を表すようにするには制約式 (6.7)，(6.8) に加えて，他の制約式が必要であることを表している。

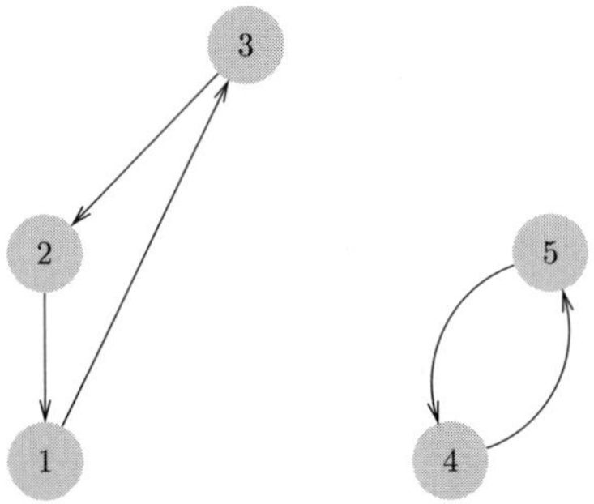

図 **6.5** 部分巡回路

6.2.2 完全な定式化

さて，x_{ij} が部分巡回路になることを防ぐための制約式は複数あるが，ここではそのうちの 1 つを紹介する。まず，巡回路を

$$(s_1, s_2, \cdots, s_n)$$

と表すことにする。これは，巡回路において i 番目に訪問する都市を s_i と表す方法である。s_1 はつねに 1 であることに注意する。例えば，5 都市の巡回セールスマン問題における巡回路

$$1 \to 3 \to 2 \to 5 \to 4 \to 1$$

は，以下のように表される。

$$s_1 = 1, \quad s_2 = 3, \quad s_3 = 2, \quad s_4 = 5, \quad s_5 = 4$$

ここで，巡回路において都市 i までに訪問した都市数を $t_i (i = 1, 2, \cdots, n+1)$ と表すことにする。上の巡回路の例では

$$t_1 = 0, \quad t_3 = 1, \quad t_2 = 2, \quad t_5 = 3, \quad t_4 = 4, \quad t_6 = 5$$

となる。定義から，$t_{s_i} = i - 1$ であることに注意する。いま，$x_{ij} = 1$ であれば，すなわち，巡回路において都市 i の直後に都市 j を訪れるのであれば

$$t_j = t_i + 1 \tag{6.9}$$

が成立しているはずである。また，$x_{ij} = 0$ であれば，すなわち，巡回路において都市 i の直後に都市 j を訪れるのでなければ，t_j と t_i の間に式 (6.9) の関係が成り立つ必要はない。さらに，その定義から，$t_i \in \{0, 1, 2, \cdots, n-1\}$ である。これらのことを数式で表すと，式 (6.10) となる。

$$t_j \geqq \begin{cases} t_i + 1 - n & (x_{ij} = 0 \text{ のとき}) \\ t_i + 1 & (x_{ij} = 1 \text{ のとき}) \end{cases} \tag{6.10}$$

ここで，$t_i, t_j \in \{0, 1, 2, \cdots, n-1\}$ であれば，$t_j \geqq t_i + 1 - n$ がつねに成り立つことに注意する。つまり，$x_{ij} = 0$ のときの関係式 $t_j \geqq t_i + 1 - n$ は，t_i と t_j の間には特別な大小関係は課されないことを表している。この式は，十分大きな数を用いた不等式，例えば $t_j \geqq t_i + 1 - 1\,000\,000\,000$ に置き換えても間違いではない。この式でも $n < 1\,000\,000\,000$ であれば正しい定式化になっている。

なぜなら，t_j と t_i が範囲内 $\{0,1,2,\cdots,n-1\}$ のどのような値をとっても，この式はつねに成り立つからである。このように，**big-M** とよばれる十分大きな数を用いた不等式は，整数最適化問題へのモデル化の際によく用いられるテクニックである。big-M としては，不必要に大きな値を用いないように注意する必要がある。さもなければ，整数最適化問題を解く時間が大変長くなってしまうことがあるからである。式 (6.10) の右辺に用いる値は 1 000 000 000 ではなく，n とするべきである。

式 (6.10) には条件分岐が含まれているため，このままでは整数最適化問題の制約式として表すことはできない。そこで，式 (6.11) に書き換える。

$$t_j \geqq t_i + 1 - n\,(1 - x_{ij}) \qquad (i \geqq 1, \quad j \geqq 2, \quad i \neq j) \tag{6.11}$$

この不等式は，$x_{ij} = 0$ のときは $t_j \geqq t_i + 1 - n$ を表し，$x_{ij} = 1$ のときは $t_j \geqq t_i + 1$ を表す。すなわち，式 (6.10) と同じ関係を表していることがわかる。式 (6.11) は線形の不等式であるから，整数最適化問題の制約式として用いることができる。

制約式 (6.8)，(6.7) にこの制約式 (6.11) を加えることで，巡回セールスマン問題の整数最適化問題としての定式化 (6.12) が得られる。

$$\left\{\begin{array}{lll}
\text{最小化} & : \displaystyle\sum_{i=1}^{n}\sum_{j=1}^{n} c_{ij}x_{ij} & \\
\text{制約条件} & : \displaystyle\sum_{j=1}^{n} x_{ij} = 1 & (i = 1,2,\cdots,n) \\
& \displaystyle\sum_{i=1}^{n} x_{ij} = 1 & (j = 1,2,\cdots,n) \\
& t_j \geqq t_i + 1 - n(1 - x_{ij}) & (i \geqq 1, \quad j \geqq 2, \quad i \neq j) \\
& t_1 = 1 & \\
& x_{ij} \in \{0,1\} & (i = 1,2,\cdots,n, \quad j = 1,2,\cdots,n) \\
& t_i \in \{0,1,2,\cdots\} & (i = 1,2,\cdots,n+1)
\end{array}\right. \tag{6.12}$$

この整数最適化問題 (6.12) を JuMP を用いて解くプログラムが**プログラム 6-5** である。

プログラム 6-5（巡回セールスマン問題を解くプログラム（完全））

```
1  using JuMP, HiGHS
2
3  n = 5;
4  tsp2 = Model(HiGHS.Optimizer);
5  I = 1:n;
6  c=[
7      0   2  3  10  11
8      2   0  2  12  21
9      4   1  0  11  15
10     9  12  8   3   5
11     8  13  7   4   0
12 ];
13 @variable(tsp2, x[I,I], Bin);
14 @constraint(tsp2, [j in I], sum(x[:,j]) == 1);
15 @constraint(tsp2, [i in I], sum(x[i,:]) == 1);
16 @constraint(tsp2, [i in I], x[i,i] == 0);
17 @objective(tsp2, Min, sum(c.*x));
18 @variable(tsp2,t[i in 1:(n+1)] >= 0);
19 @constraint(tsp2, t[1] == 0);
20 @constraint(tsp2, t[n+1] == n);
21 @constraint(tsp2, [i in 1:n, j in 2:n; i != j],
22     t[j] >= t[i] + 1-n*(1-x[i,j]));
23 set_silent(tsp2);
24 optimize!(tsp2);
25 @show termination_status(tsp2);
26 @show objective_value(tsp2);
27 println("巡回路に含まれる枝: ")
28 for i in I, j in I
29     if value(x[i,j]) > 0.5
30         println("$i->$j, ");
31     end
32 end
```

プログラム 6-4 との違いは，18～22 行目である。18 行目では，新しく導入した変数 t_i を生成し，21，22 行目で式 (6.11) の制約式を追加している。この制約式は i と j のペアに対して定義されるものなので，第 2 引数を

```
[i in 1:n, j in 2:n; i != j]
```

としている。`i != j` は，`i` と `j` が異なるときのみ制約式を定義することを表している。

プログラム 6-5 を実行すると，**実行例 6.5** を得る。

実行例 6.5

```
termination_status(tsp2)=MathOptInterface.OPTIMAL
objective_value(tsp2) = 25.0
巡回路に含まれる枝: 1->4, 2->1, 3->2, 4->5, 5->3,
```

これより，目的関数の値が `25.0` の最適な巡回路

$$s_1 = 1, \quad s_2 = 4, \quad s_3 = 5, \quad s_4 = 3, \quad s_5 = 2$$

が得られたことがわかる。これを図示したものが**図 6.6** である。

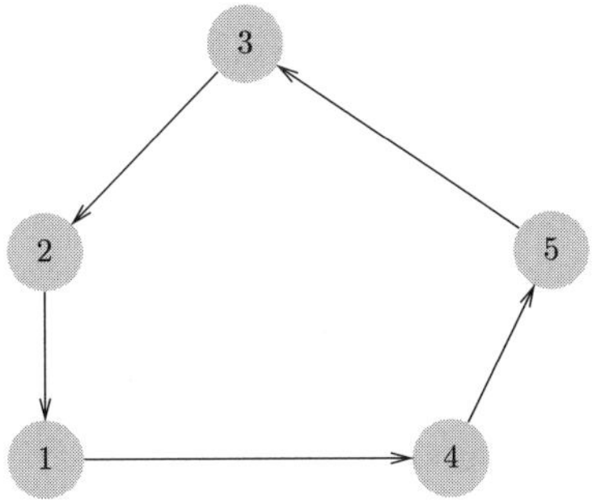

図 6.6　最適な巡回路

また，t_i の値は

$$t_1 = 0, \quad t_2 = 4, \quad t_3 = 3, \quad t_4 = 1, \quad t_5 = 2, \quad t_6 = 5$$

であることがわかる。

6.3 施設配置問題

施設配置問題は，複数の点での需要を満たすために施設を配置する問題である[10]。この問題は，整数最適化問題として定式化される。まず，この問題を表すための記号を定義する。

集合 $M = \{1, 2, \cdots, m\}$ は需要点の集合，集合 $N = \{1, 2, \cdots, n\}$ は配置する施設の候補の集合とする。需要点 $i \in M$ と $j \in N$ の施設間の単位量当りの輸送費を c_{ij} で表す。また，施設 j を開設する**固定費**を f_j，需要点 i での需要量を $a_i \geq 0$，施設 j の供給量を $q_j \geq 0$ とする。

図 **6.7** に，施設候補地数 4，需要点数 10 の施設配置問題の例を図示した。施設候補地を円，需要点を四角で示した。また，施設候補地と需要点の区別を明確にするために，施設候補地はアルファベット，需要点は数字で表した。これらの 4 つの候補地の中のいくつかに施設を配置し，10 個の需要点の需要量を満たすようにする。その際，開設費用 f_j の和と輸送費 c_{ij} との和を最小にしたい。固定費が輸送費に比べて十分に小さければ，すべての施設を開設すればよいが，一般に固定費 f_j は輸送費 c_{ij} に比べて大きい。例えば，施設候補地 a に配置すれば，近くにある需要点 7 への輸送費は安くすむ。しかし，a は他のいずれの需要点からも遠く，固定費が十分に安くなければトータルのコストはかえって

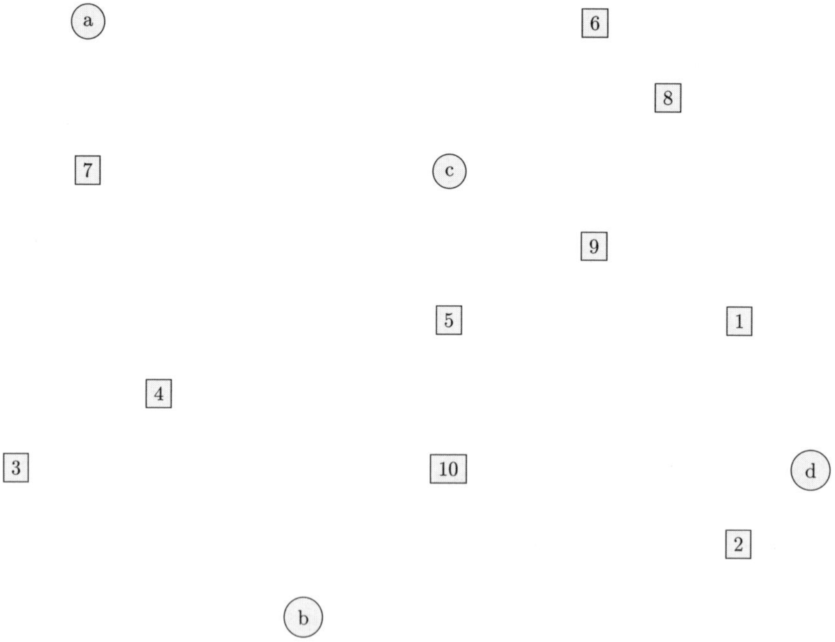

図 **6.7**　施設配置問題

高くつく可能性がある。そこで，適切な場所に適切な数だけ施設を配置する必要がある。

この施設配置問題を整数最適化問題として定式化する。決定整数として，候補地 j に施設を配置するとき 1，そうでないとき 0 をとる 0–1 変数 y_i と，施設 j で需要点 i の需要を満たすとき 1，そうでないとき 0 をとる 0–1 変数 x_{ij} を導入する。

施設配置問題の制約条件は

- 各需要点は，配置される施設のうちのちょうど 1 つに割り当てられる。
- 配置された施設が満たす需要の合計は，その供給量を超えない。

というものである。目的は，施設配置コストと需要点への輸送コストの合計の最小化である。この問題は，整数最適化問題 (6.13) として定式化される。

$$
\begin{cases}
\text{最小化} \quad : \displaystyle\sum_{i \in M} \sum_{j \in N} c_{ij} x_{ij} + \sum_{j} f_j y_j & \\
\text{制約条件} : \displaystyle\sum_{j \in N} x_{ij} = 1 & (\forall i \in M) \\
\qquad\qquad\quad \displaystyle\sum_{i \in M} a_i x_{ij} \leqq q_j y_j & (\forall j \in N) \\
\qquad\qquad\quad x_{ij},\ y_j \in \{0, 1\} & (\forall i \in M, \quad \forall j \in N)
\end{cases}
\tag{6.13}
$$

最初の制約式

$$
\sum_{j \in N} x_{ij} \ = \ 1
$$

は，各需要点 $i \in M$ に対して 1 つ定められる。x_{ij} は 0–1 変数であるので，左辺の x_{ij} のうち，どれか 1 つが 1 であり，それ以外は 0 であることを課している。これは，需要点 i の需要は $x_{ij} = 1$ となる施設 j によって満たされることを示している。

2 番目の制約式

$$
\sum_{i \in M} a_i x_{ij} \leqq q_j y_j
$$

は，各施設候補 $j \in N$ に対して 1 つ定められる。$y_j = 0$ であれば右辺が 0 なので，この制約式は

$$\sum_{i \in M} a_i x_{ij} \leqq 0$$

となる。これは，すべての $i \in M$ に対して $x_{ij} = 0$ でなければならないことを示している。すなわち，施設 j は配置されないので，どの需要点 i の需要も j によって満たされることはないことを示している。一方，$y_j = 1$ であれば，この不等式は

$$\sum_{i \in M} a_i x_{ij} \leqq q_j$$

となる。左辺は，施設 j によって満たされる需要の合計を表しており，これが施設 j の供給量 q_j を超えないという条件を表している。

この整数最適化問題を，JuMP を用いて表す。需要点に関する入力データは，各需要点の位置を表す座標と需要量 a_i である。これらはファイル clients.csv から読み込む。また，候補地に関する入力データは，各候補地の座標と供給量 q_j であり，これらはファイル facilities.csv から読み込むとする。

ここでは，例としてつぎのデータを用いる。

clients.csv

```
x,y, 需要量
32, 22, 10
25, 16,  5
37, 18,  7
29, 23,  8
46, 34, 12
```

facilities.csv

```
x,y, 固定費, 供給量
12, 25, 15, 50
40, 29, 25, 60
27, 14, 20, 40
```

いずれのファイルも，1 行目は各列の名前を表している。これらのファイルを読み込むには，つぎのプログラムを用いる。

座標などのデータを読み込むプログラム

```
using CSV
using DataFrames
c_loc = DataFrame(CSV.File("clients.csv"))
f_loc = DataFrame(CSV.File("facilities.csv"))
```

これは，clients.csv ファイルのデータと facilities.csv ファイルのデータを，それぞれデータフレーム c_loc と f_loc として読み込む。clients.csv の 1 行目は

clients.csv ファイルの 1 行目

```
x,y,需要量
```

としているので，ファイルの 1〜3 列目のデータは，それぞれ c_loc.x，c_loc.y，c_loc.需要量，でアクセスできる。

同様に，facilities.csv の 1 行目は

facilities.csv ファイルの 1 行目

```
x,y,固定費,供給量
```

としているので，ファイルの 1〜4 列目のデータは，それぞれ f_loc.x，f_loc.y，f_loc.固定費，f_loc.供給量 でアクセスできる。

各需要点 i と各候補地 j との距離 c_{ij} は，読み込んだ座標からユークリッド距離として計算する。すなわち，座標 (x_1, y_1) の点 i と座標 (x_2, y_2) の点 j との距離 c_{ij} は

$$c_{ij} \;=\; \sqrt{(x_1 - x_2)^2 + (y_1 - y_2)^2}$$

と定める。ユークリッド距離の計算には，LinearAlgebra.norm() を用いる。この関数の第 2 引数に 2 を指定すると，ユークリッド距離が得られる。

距離を計算するプログラム

```
m = nrow(c_loc);
n = nrow(f_loc);
c = zeros(m,n);
for i in 1:m, j in 1:n
    c[i,j] = trunc(LinearAlgebra.norm(
        [c_loc.x[i] - f_loc.x[j], c_loc.y[i] - f_loc.y[j]], 2)
        );
end
```

このようにして得られた座標をプロットすることで，需要点と施設候補地の位置関係を把握することができる。指定した座標に点をプロットするには，`Plots` パッケージの `scatter()` を使うとよい。これは，第1引数と第2引数に指定したデータを座標として散布図を描くものである。需要点の x 座標は `c_loc.x`，y 座標は `c_loc.y` で得られるので，需要点の位置をプロットするには，つぎのようにする。

需要点のプロット

```
Plots.scatter(c_loc.x, c_loc.y)
```

`Plots.scatter()` には，描画内容をカスタマイズするためのオプションが用意されている。ここでは，凡例の表示に用いる文字列を指定する `label`，横軸に表示する文字列を指定する `xlabel`，縦軸に表示する文字列を指定する `ylabel`，表示する点の形を指定する `markershape`，そして，点の色を指定する `markercolor`，マーカーの大きさを指定する `markersize` を用いる。**プログラム 6-6** は，`scatter()` によって需要点と施設候補地をプロットするものである。

プログラム 6-6（座標を描画するプログラム）

```
using LinearAlgebra
using CSV, DataFrames
using Plots

c_loc = DataFrame(CSV.File("clients.csv"));
f_loc = DataFrame(CSV.File("facilities.csv));

m = nrow(c_loc);
n = nrow(f_loc);
```

```
10 c = zeros(m, n);
11
12 for i in 1:m, j in 1:n
13     c[i,j] = trunc(LinearAlgebra.norm(
14         [c_loc.x[i] - f_loc.x[j], c_loc.y[i] - f_loc.y[j] ],
15         2) );
16 end
17
18 plt = Plots.plot()
19
20 Plots.scatter!(plt, c_loc.x, c_loc.y; label = "Demand",
21     xlabel = "x Coordinates", ylabel = "y Coordinates",
22     markershape = :circle, markercolor = :black,
23     markersize = 7
24 )
25 Plots.scatter!(plt, f_loc.x, f_loc.y; label="Candidate sites",
26     markershape = :square, markercolor = :white,
27     markerstrokewidth = 3, markersize = 7
28 )
29
30 savefig(plt,"facloc.pdf");
```

プログラム 6-6 を実行して得られたものを図 **6.8** に示した。プログラム 6-6 の 30 行目は，プロットした図を PDF ファイル `facloc.pdf` として保存するものである。図中の Demand が需要点，Candidate sites が施設候補地を示している。

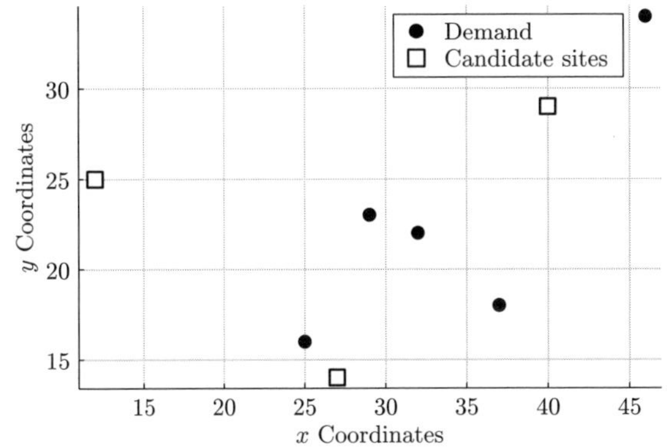

図 **6.8**　需要点と施設候補地のプロット

さて，読み込んだデータを用いて整数最適化問題 (6.13) を定義して解き，結果を表示するプログラムを**プログラム 6-7** として示した。

プログラム 6-7（整数最適化問題 (6.13) を解くプログラム）

```
using LinearAlgebra
using HiGHS, JuMP
using CSV, DataFrames

c_loc = DataFrame(CSV.File("clients.csv"));
f_loc = DataFrame(CSV.File("facilities.csv"));

m = nrow(c_loc);
n = nrow(f_loc);
c = zeros(m, n);

for i in 1:m, j in 1:n
    c[i,j] = trunc(LinearAlgebra.norm(
        [c_loc.x[i] - f_loc.x[j], c_loc.y[i] - f_loc.y[j]],
        2) );
end

facloc = Model(HiGHS.Optimizer);
@variable(facloc, y[1:n], Bin);
@variable(facloc, x[1:m,1:n], Bin);
@objective(facloc, Min,
    sum(c.*x) + sum(f_loc.固定費[j]*y[j] for j in 1:n));
@constraint(facloc, client_assign[i in 1:m],
    sum(x[i,j] for j in 1:n) == 1);
@constraint(facloc, facility_ub[j in 1:n],
    sum(c_loc.需要量[i]*x[i,j] for i in 1:m)
        <= f_loc.供給量[j]*y[j]);
set_silent(facloc);
optimize!(facloc);
@show termination_status(facloc);

for j in 1:n
  if value(y[j]) > 1e-5
      println("===============");
      println("開設された施設: $j （供給量: ",f_loc.供給量[j],"）");
      print("割り当てられた需要点（需要量）: ");
      for i in 1:m
          if value(x[i,j]) > 1e-5
              print(i," (",c_loc.需要量[i],"), ");
          end
      end
```

```
42          println("");
43          println("---");
44          println("割り当てられた需要量の合計: ",
45              sum(c_loc. 需要量 [i] for i in 1:m if value(x[i,j]) > 1e-5));
46          println("================");
47      end
48  end
```

プログラム 6-7 の 19, 20 行目で変数を定義する。変数は x_{ij} と y_j で，いずれも 0–1 変数である。これらを定義するプログラムは，つぎの通りである。

変数の定義

```
@variable(facloc, y[1:n], Bin);
@variable(facloc, x[1:m, 1:n], Bin);
```

プログラム 6-7 の 21, 22 行目で目的関数を定める。目的関数は距離と固定費の総和なので，つぎの通りに表すことができる。

目的関数を定める

```
@objective(facloc, Min,
    sum(c.*x) + sum(f_loc. 固定費 [j]*y[j] for j in 1:n));
```

第 1 項は c と x の要素ごとの積の和である。$c_{ij}x_{ij}$ の総和を表したいので，sum(c.*x) としている。第 2 項の f_loc. 固定費 [j] は数式の f_j に対応する。

プログラム 6-7 の 23, 24 行目は，各需要点が，配置される施設のうち，ちょうど 1 つに割り当てられることを課す制約である。

需要点の割り当て制約を課すプログラム

```
@constraint(facloc, client_assign[i in 1:m],
    sum(x[i,j] for j in 1:n) == 1);
```

この制約は 1 つの需要点について 1 つ課されるので，@constraint() の第 2 引数を client_assign[i in 1:m] としている。このうち [i in 1:m] の部分が，1〜m までの各整数に対して制約を定義することを示している。また，client_assign の部分はこの制約を表す名前であり，予約語と重ならない範囲で自由に指定してよい。

プログラム 6-7 の 25〜27 行目は，施設 j に割り当てられた需要の総和がその供給量 q_j を超えない，という制約である。

施設の供給量上限制約

```
@constraint(facloc,facility_ub[j in 1:n],
    sum(c_loc.需要量[i]*x[i,j] for i in 1:m)
        <= f_loc.供給量[j]*y[j]);
```

この制約は j の各要素に対して定められるので，第 2 引数で `facility_ub[j in 1:n]` としている。第 3 引数の不等式の左辺では `c_loc 需要量[i]` を用いている。これは，数式の a_i に対応する。また，右辺の `f_loc.供給量[j]` は q_j に対応する。

プログラム 6-7 の実行結果の例を，**実行例 6.6** に示す。

実行例 6.6

```
termination_status(facloc) = MathOptInterface.OPTIMAL
================
開設された施設: 2 （供給量: 60）
割り当てられた需要点（需要量）: 5 (12),
---
割り当てられた需要量の合計: 12
================
================
開設された施設: 3 （供給量: 40）
割り当てられた需要点（需要量）: 1 (10), 2 (5), 3 (7), 4 (8),
---
割り当てられた需要量の合計: 30
================
```

この結果から，$y_2 = y_3 = 1$，$x_{25} = x_{31} = x_{32} = x_{33} = x_{34} = 1$ であることがわかる。すなわち，施設 2 と 3 が配置され，施設 2 には需要点 5 が割り当てられ，施設 3 には需要点 1，2，3，4 が割り当てられることがわかる。また，各施設に割り当てられた需要点の需要量の和は，施設の供給量を超えていないことも確認できる。

7章 2次最適化問題

2次最適化問題は，問題 (7.1) で表される数理最適化問題である。

$$
\begin{cases}
\text{最小化} & : \dfrac{1}{2}\boldsymbol{x}^\top \boldsymbol{Q}\boldsymbol{x} + \boldsymbol{c}^\top \boldsymbol{x} \\
\text{制約条件} & : \boldsymbol{a}_i^\top \boldsymbol{x} - b_i \leqq 0 \qquad (i = 1, 2, \cdots, m) \\
 & \quad \boldsymbol{x} \in \mathbb{R}^n
\end{cases}
\tag{7.1}
$$

例として，つぎの2次最適化問題 (7.2) を解く方法を述べる。

$$
\begin{cases}
\text{最小化} & : \dfrac{1}{2}x_1^2 + x_2^2 + x_1x_2 + 2x_1 + 3x_2 \\
\text{制約条件} & : 3x_1 + 4x_2 \geqq 15 \\
 & \quad x_1 + 4x_2 \geqq 20 \\
 & \quad 3x_1 + 2x_2 \leqq 10 \\
 & \quad x_1 \geqq 0, \quad x_2 \geqq 0
\end{cases}
\tag{7.2}
$$

この問題は，問題 (7.3) のように行列を用いて，標準形 (7.1) の形に表すことができる。

$$
\begin{cases}
\text{最小化} & : \dfrac{1}{2}\begin{bmatrix} x_1 & x_2 \end{bmatrix}\begin{bmatrix} 1 & 1 \\ 1 & 2 \end{bmatrix}\begin{bmatrix} x_1 \\ x_2 \end{bmatrix} + \begin{bmatrix} 2 & 3 \end{bmatrix}\begin{bmatrix} x_1 \\ x_2 \end{bmatrix} \\
\text{制約条件} & : 3x_1 + 4x_2 \geqq 15 \\
 & \quad x_1 + 4x_2 \geqq 20 \\
 & \quad 3x_1 + 2x_2 \leqq 10 \\
 & \quad x_1 \geqq 0, \quad x_2 \geqq 0
\end{cases}
\tag{7.3}
$$

7.1 ソルバーを用いて解く方法

2次最適化問題を解くには，2次最適化問題を解く機能をもったソルバーを用いる必要がある。**プログラム 7-1** は，ソルバーとして SCS を用いて2次最適化問題 (7.2) を解くものである。

プログラム **7-1**（2次最適化問題 (7.2) を解くプログラム）

```
1  using JuMP, SCS
2
3  qp = Model(SCS.Optimizer);
4  @variable(qp, x1 >= 0);
5  @variable(qp, x2 >= 0);
6  @objective(qp, Min, (1/2)x1^2 + x2^2 + x1*x2 + 2x1 + 3x2);
7  @constraint(qp, 3x1 + 4x2 >= 15);
8  @constraint(qp,  x1 + 4x2 >= 20);
9  @constraint(qp, 3x1 + 2x2 <= 10);
10 set_silent(qp);
11 optimize!(qp);
12 @show termination_status(qp)
13 @show objective_value(qp)
14 @show value(x1), value(x2)
```

3行目で，`Model()` を用いて問題 `qp` を生成する際に，引数として `SCS.Optimizer` を指定している。SCS は，2次関数を目的関数にもつ数理最適化問題を解くことができる。

プログラム 7-1 を実行すると，**実行例 7.1** が得られる。

実行例 **7.1**

```
termination_status(qp) = MathOptInterface.OPTIMAL
objective_value(qp) = 39.99629074828986
(value(x1), value(x2)) = (4.36522415343509e-5, 4.999725597699948)
```

これにより，最適値は 40.0，最適解は $(0, 5.0)$ であることがわかる。

7.2 信号推定問題

2 次最適化問題として定式化できる問題に，信号推定問題がある。信号推定問題とは，測定された雑音を含むデータ $\boldsymbol{y}$ から，雑音を含む前のオリジナルの信号 $\boldsymbol{y}^*$ を推定する問題である。測定されたデータは非負とする。

オリジナルの信号 $\boldsymbol{y}^*$ は，システムの性質から，多くのデータが 0 であることがわかっているとする。例えば，特定の地点でときどき起こる事象の測定をしているとする。事象が起こらないときはオリジナルの信号は 0 であるが，測定をする以上は 0 でない雑音が必ず加わる。したがって，測定データ $\boldsymbol{y}$ はほとんどの要素が非ゼロになる。

信号推定問題は，つぎの数理最適化問題 (7.4) として定式化できる。

$$\begin{cases} \text{最小化} \quad : \|\boldsymbol{y} - \boldsymbol{x}\|_2^2 + \lambda \|\boldsymbol{x}\|_0 \\ \text{制約条件} : \boldsymbol{x} \geqq \boldsymbol{0} \end{cases} \tag{7.4}$$

ここで，$\boldsymbol{y}$ は雑音を含む測定データで，変数 $\boldsymbol{x}$ は推定信号を表す。$\lambda > 0$ は正則化パラメータとよばれるものである。$\boldsymbol{y}$ は変数ではなく，入力データであることに注意する。$\|\boldsymbol{x}\|_2$ はベクトル $\boldsymbol{x}$ の l_2 ノルムとよばれるものであり，$\|\boldsymbol{x}\|_2 = \sqrt{x_1^2 + x_2^2 + \cdots + x_n^2}$ と定められる。この数理最適化問題 (7.4) には，整数条件は含まれていない。$\|\boldsymbol{x}\|_0$ はベクトル $\boldsymbol{x}$ の非ゼロ要素の数を表すもので，l_0 ノルムとよばれる。第 1 項 $\|\boldsymbol{y} - \boldsymbol{x}\|_2^2$ は測定データと推定信号との差異を表し，第 2 項 $\|\boldsymbol{x}\|_0$ は推定信号の疎性を表す。この疎性にパラメータ λ を掛けたものを目的関数に足している。

目的関数の第 2 項に対して，新たに変数 r を導入して問題 (7.5) のように書き換える。

$$\begin{cases} \text{最小化} \quad : \|\boldsymbol{x}-\boldsymbol{y}\|_2^2+\lambda r \\ \text{制約条件} : \boldsymbol{x} \geqq \boldsymbol{0} \\ \qquad\qquad\quad \|\boldsymbol{x}\|_0 \leqq r \end{cases} \tag{7.5}$$

l_0 ノルムに関する制約 $\|\boldsymbol{x}\|_0 \leqq r$ は非凸な制約であり，このままでは数理最適化問題の制約として扱うことは難しい。そこで，この制約を緩和する。具体的には，この l_0 ノルムを l_1 ノルム $\|\boldsymbol{x}\|_1$ に置き換える。ベクトル $\boldsymbol{x}$ の l_1 ノルムは，$\boldsymbol{x}$ の要素の絶対値の和である。これにより，数理最適化問題 (7.6) を得る。

$$\begin{cases} \text{最小化} \quad : \|\boldsymbol{x}-\boldsymbol{y}\|_2^2+\lambda r \\ \text{制約条件} : \boldsymbol{x} \geqq \boldsymbol{0} \\ \qquad\qquad\quad \|\boldsymbol{x}\|_1 \leqq r \end{cases} \tag{7.6}$$

この l_1 ノルムを用いた制約式 $\|\boldsymbol{x}\|_1 \leqq r$ は凸な制約式であり，成分で表すと，式 (7.7) となる。

$$|x_1|+|x_2|+\cdots+|x_n| \leqq r \tag{7.7}$$

これは，x_i に対して新たな変数 t_i を導入することで，式 (7.8) と表される。

$$\begin{cases} t_1+t_2+\cdots+t_n \leqq r \\ |x_i| \leqq t_i \qquad (i=1,2,\cdots,n) \end{cases} \tag{7.8}$$

絶対値の関係 $|x_i| \leqq t_i$ を書き換えることで，さらに式 (7.9) と表すことができる。

$$\begin{cases} t_1+t_2+\cdots+t_n \leqq r \\ t_i \geqq x_i \qquad (i=1,2,\cdots,n) \\ t_i \geqq -x_i \qquad (i=1,2,\cdots,n) \end{cases} \tag{7.9}$$

実際，$x_i \geqq 0$ であれば $|x_i| = x_i$ なので，$|x_i| \leqq t_i$ は $x_i \leqq t_i$ となる。このとき，$-x_i \leqq 0 \leqq x_i$ なので，$x_t \leqq t_i$ であれば $-x_i \leqq t_i$ がつねに成り立つ。一方，$x_i < 0$ であれば $|x_i| = -x_i$ なので，$|x_i| \leqq t_i$ は $-x_i \leqq t_i$ となる。このとき，$x_i \leqq 0 \leqq -x_i$ なので，$-x_i \leqq t_i$ であれば $x_i \leqq t_i$ がつねに成り立つ。したがって，式 (7.8) は式 (7.9) と表されることがわかる。t_i と x_i との関係は図 **7.1** で示される。

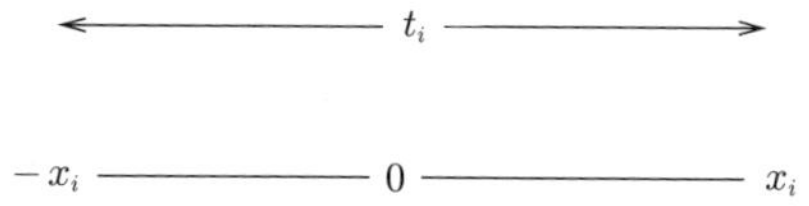

図 **7.1**　絶対値の不等式制約に関する t_i と x_i の関係

これらのことより，l_1 ノルムの制約を用いた信号推定問題は，問題 (7.10) となる。

$$
\begin{cases}
\text{最小化} \quad : \|\boldsymbol{x} - \boldsymbol{y}\|_2^2 + \lambda r \\
\text{制約条件} : \boldsymbol{x} \geqq \boldsymbol{0} \\
\qquad\qquad r \geqq \displaystyle\sum_{i=1}^{n} t_i \\
\qquad\qquad t_i \geqq x_i \qquad (i = 1, 2, \cdots, n) \\
\qquad\qquad t_i \geqq -x_i \qquad (i = 1, 2, \cdots, n)
\end{cases}
\tag{7.10}
$$

l_1 ノルムを用いた制約は，このように線形制約として表されるので，問題 (7.10) の線形制約をそのままプログラムしてもよいが，`JuMP` では，問題 (7.6) の l_1 ノルム制約を `MOI.NormOneCone()` を用いてそのまま表すこともできる。具体的には，n 次元ベクトル $\boldsymbol{x}$ の l_0 ノルム $\|\boldsymbol{x}\|_0$ が t 以下であるという制約 $t \geqq \|\boldsymbol{x}\|_0$ は，`JuMP` ではつぎのように表すことができる。

l_0 ノルム制約

```
[t;x] in MOI.NormOneCone(n+1)
```

ここで，t は 1 次元の変数，x は n 次元の変数ベクトルとする。[t;x] は，最初の要素が t，2〜n+1 番目までの要素が x である n+1 次元のベクトルを表す。

プログラム 7-2 は，この NormOneCone() を用いて数理最適化問題 (7.6) を解くものである。

プログラム 7-2（数理最適化問題 (7.6) を解くプログラム）

```
using CSV, DataFrames
using JuMP, SCS
using LinearAlgebra,SparseArrays

noiseless = DataFrame(CSV.File("synthetic_noiseless.csv"))
sigma05 = DataFrame(CSV.File("synthetic_sigma05.csv"))

n = 300;
y = Matrix(sigma05[1:n, :]);
yast = Matrix(noiseless[1:n, :]);

tlambda = 2.0

signal1 = Model(SCS.Optimizer);
@variable(signal1, x[1:n] >= 0);
@variable(signal1, reg >= 0);
@objective(signal1, Min,
    sum( (x[i] - y[i])^2 for i in 1:n) + tlambda*reg );
@constraint(signal1, [reg; x] in MOI.NormOneCone(n+1));

set_silent(signal1);
optimize!(signal1);
@show termination_status(signal1);
@show objective_value(signal1);

tol = 1e-5;
nzcnt = length([i for i in 1:n if value.(x[i]) > tol]);
println("推定した信号での非ゼロ要素の数 (l0 ノルム): ",nzcnt);
println("推定した信号での絶対値の和 (l1 ノルム): ", norm(value.(x), 1));
errval = norm(value.(x) - y,2)^2;
println("測定データとの誤差: ", errval);
```

プログラム 7-2 を実行すると，**実行例 7.2** を得る。

実行例 7.2

```
termination_status(signal1) = MathOptInterface.OPTIMAL
objective_value(signal1) = 308.6440414458311
推定した信号での非ゼロ要素の数 (l0 ノルム): 279
推定した信号での絶対値の和 (l1 ノルム): 73.52931587526821
測定データとの誤差: 161.60376245864694
```

用いたデータは，文献 11) で用いられているデータである。これは，ウェブサイト http://atamturk.ieor.berkeley.edu/data/sparse.smooth.signal から入手可能である（2022 年 8 月現在）。

5 行目では，ノイズの加わる前のオリジナルの信号データをデータフレーム `noiseless` として読み込んでいる。これは正解のデータ $\boldsymbol{y}^*$ であり，実際の場面ではわからないものである。ここでは，数理最適化で得た推定信号がどの程度正しいかを検証するために用いる。6 行目では，雑音を含んだ測定データをデータフレーム `sigma05` として読み込んでいる。これは $\boldsymbol{y}$ に対応する。ここで読み込んだ 2 つのデータ系列の最初の 100 個をプロットしたものが**図 7.2** である。この図により，データのおおまかな関係を知ることができる。オリジナルの信号データ `noiseless` は Noiseless で，雑音を含んだ信号 `sigma05` は With

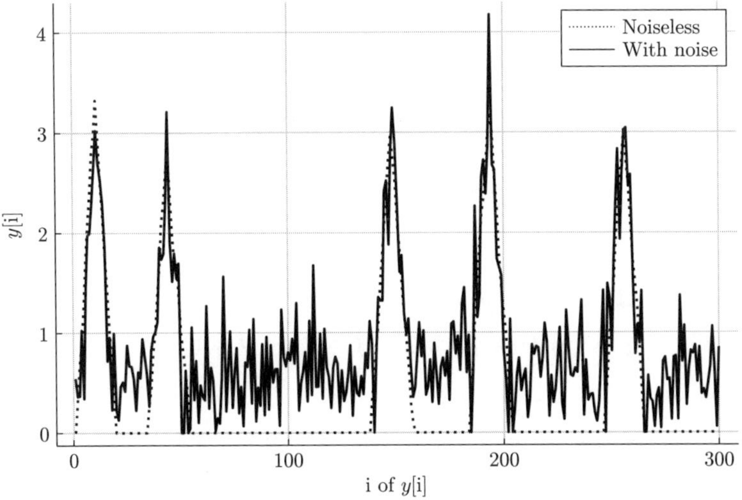

図 7.2　オリジナルの信号と雑音を含んだ信号の比較

noise で示している。これを見ると，オリジナルの信号では，多くの要素が 0 であるが，雑音を含んだ測定データでは，0 である要素は数個しかないことがわかる。信号推定問題の目的は，雑音を含んだ測定データ $\boldsymbol{y}$ から，0 を多く含むオリジナルの信号 $\boldsymbol{y}^*$ を推定することである。

プログラム 7-2 の 8 行目では，用いるデータ数 `n` を指定している。`sigma05` には 1 000 個のデータが含まれているが，この `n` によって最初から何番目までのデータを用いるかを指定する。ここでは `300` としている。

9 行目では，雑音を含んだ測定データ `sigma05` の最初の `n` 個のデータを `y` に設定するものである。データフレーム `sigma05` の `1`〜`n` 行目までの行を `Matrix` 形式に変換して `y` としている。

10 行目では，オリジナルの信号 `noiseless` の `1`〜`n` 行目までの行を `Matrix` 形式に変換して `yast` と設定している。この `yast` は最適化の計算で用いるものではなく，最適化によって推定した信号を評価するために用いる。

12 行目は，目的関数の第 2 項の係数 λ に対応する `tlambda` の値を設定している。この値で，疎性をどの程度重視するかを設定する。

15 行目では，決定変数 `x` を生成し，16 行目では，`x` の疎性を目的関数で表すための `reg` を生成する。この変数は `NormOneCone()` を用いて制約を定める際に用いる。

17，18 行目で目的関数を設定し，19 行目で l_0 ノルムに関する制約を `NormOneCone(n+1)` を用いて追加する。

22 行目で 2 次最適化問題 `signal1` を最適化し，23 行目で終了状態を，24 行目で最適値を表示する。

26〜31 行目は，求めた推定信号の情報を表示するものである。26 行目では，要素が 0 であるかどうかを判定するしきい値 `tol` を設定している。`tol=1e-5` としているが，これは 10^{-5} 未満の値は 0 とみなすことを意味する。27 行目では，得られた最適解 `value(x)` の非ゼロ要素の数をカウントする。最適解の `i` 番目の要素の値は `value.(x[i])` で得られるので，これが `tol` よりも大きい場合は非ゼロ要素としてカウントする。29 行目では，最適解として得られた推定

信号 `value(x)` の l_1 ノルムを表示し，30 行目では，推定信号と測定データとの誤差を求めている。

プログラム 7-2 の 12 行目でパラメータ λ にあたる `tlambda` の値を設定しているが，この値として異なる 6 つの値を設定してプログラム 7-2 を実行した結果を，**表 7.1** に示した。n は 1000 とした。λ の値を大きくするにつれて絶対値の和 $\|\boldsymbol{x}-\boldsymbol{y}\|_2^2$ は大きくなり，l_1 ノルムは小さくなる傾向が観察される。一方で，l_0 ノルムの値は λ の値を大きくしても，必ずしも減少するわけではないこともわかる。

表 7.1　λ の値と誤差

λ の値	1	2	3	4	5	6
誤差 $\|\boldsymbol{x}-\boldsymbol{y}\|_2^2$	195.65	487.60	678.81	809.240	915.380	974.412
l_0 ノルム	985	985	985	88	40	13
l_1 ノルム	359.236	153.935	75.632	37.801	14.030	3.287

信号推定問題を解いて推定した信号の様子を観察するために，データ数 n を 300 として計算した結果を示す。**図 7.3** は，$\lambda=1$ として得られた推定信号をオリジナルの信号とあわせて示したものである。この図を見ると，オリジナル

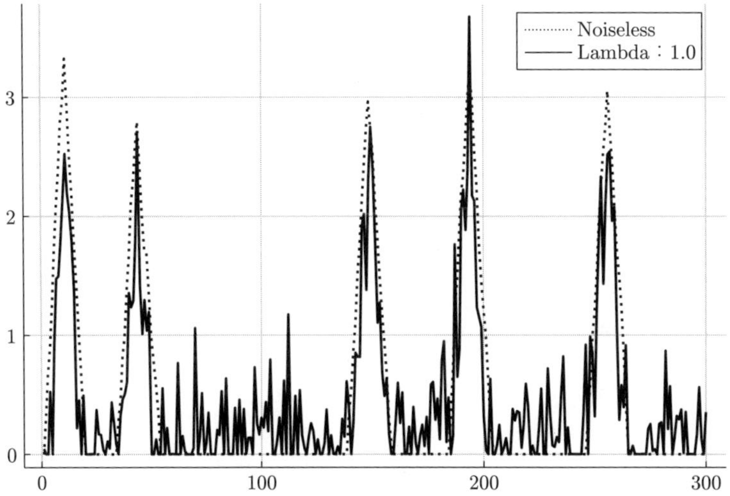

図 7.3　$\lambda=1$ として得られた推定信号とオリジナルの信号

の信号（Noiseless）が0であっても，推定信号（Lambda：1.0）が0でないものが多いことがわかる。一方で，オリジナルの信号が2を超えるような大きな値である場合には，近い値が推定できていることがわかる。

図 7.4 は，$\lambda = 6$ として得られた推定信号をオリジナルの信号とあわせて示したものである。この図からは，オリジナルの信号（Noiseless）が0であるところで推定信号（Lambda：6.0）も多くのものが0となっていることがわかる。一方で，オリジナルの信号が大きな値をとるところでも，推定信号の値は小さなものになっていることがわかる。

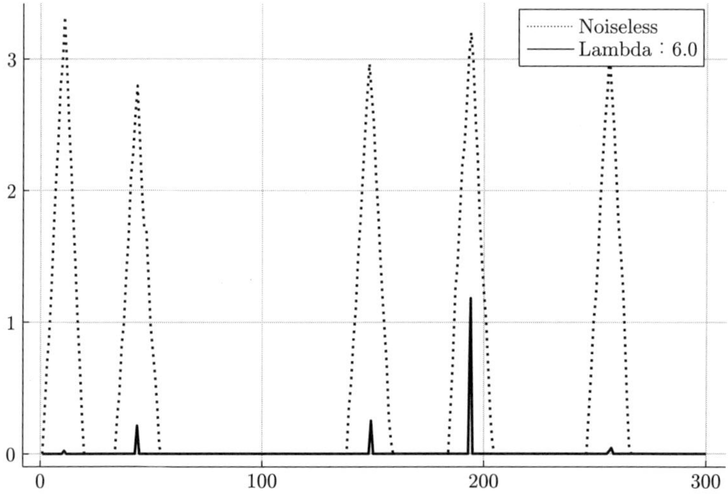

図 7.4　$\lambda = 6$ として得られた推定信号とオリジナルの信号

疎性をもち，かつ，非ゼロ要素はオリジナルの信号と同程度の大きさをもつ推定信号を得るには，l_1 ノルムに緩和するのではなく，l_0 ノルムを直接制約として扱うことが望ましい。そのための方法を8章で述べる。

8章 2次錐最適化問題

2次錐最適化問題は，線形最適化問題を拡張した問題である。2次錐最適化問題は，線形最適化問題に対する内点法と同様の方法で，効率的に解くことができる。本章では，まず，線形最適化問題と関連づけて2次錐最適化問題を定める。その後，2次錐最適化問題として定式化できる多項式最適化問題を述べる。さらに，信号推定問題に対して，2次錐制約を用いた "よい定式化（good formulation）" の方法を述べる。この "よい定式化" を用いると，7章で述べた2次最適化問題としての定式化よりも，よい推定信号が得られることを数値例で示す。

8.1 2次錐と2次錐最適化問題

線形最適化問題は，つぎのように表される数理最適化問題である。

$$
\begin{cases}
\text{最大化} & : \boldsymbol{c}^\top \boldsymbol{x} \\
\text{制約条件} & : \boldsymbol{a}_i^\top \boldsymbol{x} \leqq b_i \qquad (i = 1, 2, \cdots, m) \\
& \quad \boldsymbol{x} \geqq \boldsymbol{0} \\
& \quad \boldsymbol{x} \in \mathbb{R}^n
\end{cases}
$$

この制約の中で，非負条件 $\boldsymbol{x} \geqq \boldsymbol{0}$ に注目する。これは，ベクトル $\boldsymbol{x}$ の各要素が非負であるという条件である。これを，$\boldsymbol{x} \in \mathbb{R}^n_+$ と表すことにする。すなわち，実ベクトル $\boldsymbol{x}$ が非負であるということを，$\boldsymbol{x}$ が $\mathbb{R}^n_+$ の要素であるとみなすことにする。ここで，$\mathbb{R}^n_+$ は n 次元の非負ベクトルの集合を表す。これは非負象限ともよばれる。

例えば，$\mathbb{R}^2_+$ は 2 次元平面の右上の部分を表す。また，$\mathbb{R}^3_+$ は 3 次元空間で x 軸，y 軸，z 軸で分かれた 8 つの空間のうち，すべての成分が非負である 1 つの部分を表す。

線形最適化問題の解法のうち，内点法はこの非負象限の性質を生かした解法である。したがって，この非負象限と共通する性質をもつ制約が変数に課された問題であれば，同様に内点法を用いて解けることが期待できる。

非負象限のもつ望ましい性質とは，つぎの通りである。

(1)　ベクトル $\boldsymbol{x} \in \mathbb{R}^n_+$ について，その非負のスカラー倍 $\alpha\boldsymbol{x}$ もまた非負象限にある。

(2)　2 つのベクトル $\boldsymbol{x}_1, \boldsymbol{x}_2 \in \mathbb{R}^n_+$ の和もまた非負象限にある。

(1) に対応する性質を満たす集合は**錐**という。錐の定義は定義 8.1 で与えられる。

定義 8.1　(錐)　集合 $S \in \mathbb{R}^n$ で，非負のスカラー倍について閉じているとき，すなわち，$\forall\boldsymbol{x} \in S, \forall\alpha \in \mathbb{R}_+$ について，$\alpha\boldsymbol{x} \in S$ であるとき，集合 S を錐という。

---

(1) と (2) の両方の性質をもつ集合を**凸錐**という。凸錐の定義は定義 8.2 で与えられる。

定義 8.2　(凸錐)　凸であり，かつ，錐である集合 S のことを凸錐という。これは，集合 S が非負の線形結合について閉じているということと等価である。それは，つぎのように表される。

任意の $k > 0$, ベクトル $\boldsymbol{v}_1, \boldsymbol{v}_2, \cdots, \boldsymbol{v}_k \in S$ と非負のスカラー $\lambda_1, \lambda_2, \cdots, \lambda_k$ について，$\boldsymbol{v} = \sum_{i=1}^{k} \lambda_i \boldsymbol{v}_i$ もまた集合 S の要素である。

非負象限は，凸錐の 1 つの例である。凸錐の他の例として，2 次錐が挙げられる。2 次錐 $\mathcal{K}_n$ は $\mathbb{R}^n$ の部分集合で，式 (8.1) のように定められる。

$$\mathcal{K}_n = \left\{ \begin{bmatrix} x_1 \ x_2 \ \cdots \ x_n \end{bmatrix}^\top \in \mathbb{R}^n \mid x_1 \geqq \sqrt{x_2^2 + \cdots + x_n^2} \right\} \tag{8.1}$$

例えば，$n = 2$ での 2 次錐は

$$\mathcal{K}_2 = \left\{ \begin{bmatrix} x_1 \\ x_2 \end{bmatrix} \in \mathbb{R}^2 \mid x_1 \geqq \sqrt{x_2^2} = |x_2| \right\}$$

となる。これは 2 次元平面上に図示することができる。**図 8.1** の灰色の部分が 2 次錐を示している。

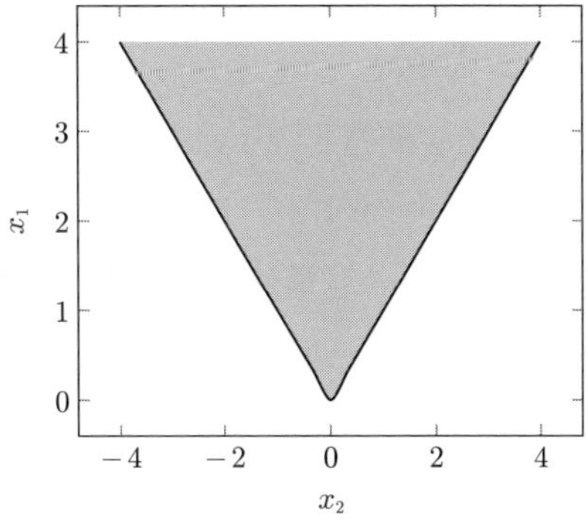

図 8.1　2 次錐 $\mathcal{K}_2$

さて，線形最適化問題の非負条件 $\boldsymbol{x} \in \mathbb{R}_+^n$ を，2 次錐を用いた制約 $\boldsymbol{x} \in \mathcal{K}_n$ に置き換えたのが，2 次錐最適化問題 (8.2) である。

$$\left\{ \begin{array}{ll} \text{最大化} & : \boldsymbol{c}^\top \boldsymbol{x} \\ \text{制約条件} & : \boldsymbol{a}_i^\top \boldsymbol{x} \leqq b_i \qquad (i = 1, 2, \cdots, m) \\ & \quad \boldsymbol{x} \in \mathcal{K}_n \end{array} \right. \tag{8.2}$$

$\boldsymbol{x}$ が 2 次錐の要素であるという制約 $\boldsymbol{x} \in \mathcal{K}_n$ は，2 次錐制約という。

線形最適化問題や 2 次錐最適化問題のように，変数に凸錐の要素であるという制約，すなわち $\boldsymbol{x} \in \mathbb{R}_+^n$ や $\boldsymbol{x} \in \mathcal{K}_n$ が課された最適化問題を，**錐最適化問題**という。9 章で扱う半正定値最適化問題も錐最適化問題である。

線形最適化問題の双対問題は

$$\begin{cases} 最小化 & : \boldsymbol{b}^\top \boldsymbol{y} \\ 制約条件 & : \displaystyle\sum_{i=1}^{m} y_i \boldsymbol{a}_i - \boldsymbol{c} \geqq \boldsymbol{0} \\ & \quad y_i \geqq 0 \qquad (i = 1, 2, \cdots, m) \end{cases}$$

と表されるが，この非負制約を 2 次錐に置き換えた問題 (8.3) が問題 (8.2) の双対問題である。

$$\begin{cases} 最小化 & : \boldsymbol{b}^\top \boldsymbol{y} \\ 制約条件 & : \displaystyle\sum_{i=1}^{m} y_i \boldsymbol{a}_i - \boldsymbol{c} \in \mathcal{K}_n \\ & \quad y_i \geqq 0 \qquad (i = 1, 2, \cdots, m) \end{cases} \tag{8.3}$$

双対問題 (8.3) に対して，問題 (8.2) を主問題という。

双対問題 (8.3) では，2 次錐制約は 1 つであるが，じつは，2 次錐制約は複数あってもよい。p 個の 2 次錐制約をもつ 2 次錐最適化問題は，問題 (8.4) のように表される。

$$\begin{cases} 最小化 & : \boldsymbol{b}^\top \boldsymbol{y} \\ 制約条件 & : \displaystyle\sum_{i=1}^{m} y_i \boldsymbol{a}_{ki} - \boldsymbol{c}_k \in \mathcal{K}_{n_k} \qquad (k = 1, 2, \cdots, p) \end{cases} \tag{8.4}$$

n_k は k 番目の 2 次錐の次元を，$\boldsymbol{a}_{ki}$，$\boldsymbol{c}_k$ は k 番目の 2 次錐制約を定めるベクトルを表している。

2 次錐最適化問題を `JuMP` で表すのは簡単である。線形最適化問題 (4.12) において，非負条件を 2 次錐制約に変更することで，2 次最適化問題 (8.5) が得られる。

$$\begin{cases} 最大化 & : 3x_1 + 5x_2 + 4x_3 \\ 制約条件 & : 2x_1 + x_2 + 3x_3 \leqq 6 \\ & \quad 3x_1 - 2x_2 + x_3 \leqq 7 \\ & \quad x_2 + 2x_3 \leqq 5 \\ & \quad \boldsymbol{x} \in \mathcal{K}_3 \end{cases} \tag{8.5}$$

線形最適化問題 (4.12) の最適値は 26.5，最適解は $(x_1, x_2, x_3) = (0.5, 5.0, 0.0)$ であるが，この最適解は $(0.5)^2 < \sqrt{(5.0)^2 + 0^2}$ であるので，2 次錐の要素ではない。したがって，非負条件を 2 次錐制約に変更した問題 (8.5) の最適解は，これ以外のものになるはずである。2 次錐最適化問題 (8.5) を解くプログラムが**プログラム 8-1** である。

プログラム 8-1（2 次錐最適化問題 (8.5) を解くプログラム）

```
1  using JuMP, SCS;
2
3  socp = Model(SCS.Optimizer);
4
5  n, m = 3, 3;
6  a=[
7      2   1  3;
8      3  -2  1;
9      0   1  2
10 ];
11 b = [6; 7; 5];
12 c = [3; 5; 4];
13 @variable(socp, x[1:n]);
14 @constraint(socp, [i in 1:m], a[i,:]’*x <= b[i]);
15 @constraint(socp, socpcon, x in SecondOrderCone());
16 @constraint(socp, Max, c’*x);
17 set_silent(socp);
18 optimize!(socp);
19 @show termiation_status(socp);
20 @show objective_value(socp);
21 @show value.(x);
```

3 行目で問題 socp を生成している。ここでは，2 次錐最適化問題を解きたいので，対応しているソルバーとして SCS を指定している。5 行目では，変数の次元 n と制約式の数 m を指定している。

6〜12 行目では，目的関数と制約式を定める行列とベクトル a，b，c を定めている。b，c は列ベクトルとして [6;7;5]，[3;5;4] と定めている。

13 行目で変数を生成し，14 行目で制約式 $\boldsymbol{a}_i^\top \boldsymbol{x} \leqq b_i$ を定めている。ベクトル $\boldsymbol{a}_i$ に対応するものが a[i,:] であるので，それを転置した a[i,:]’ と x との積を左辺としている。

15 行目は，ベクトル x が 2 次錐の要素である制約を課している。JuMP でベクトル x が 2 次錐の要素であることを課すには，単に

```
x in SecondOrderCone()
```

と書けばよい。**実行例 8.1** は，このプログラム 8-1 の実行例である。

実行例 8.1

```
termination_status(socp) = MathOptInterface.OPTIMAL
objective_value(socp) = 33.209760510720365
value.(x) = [8.265823245128178, 6.123570113086745, -5.551389947524474]
3-element Vector{Float64}:
  8.265823245128178
  6.123570113086745
 -5.551389947524474
```

これより，2 次錐最適化問題 (8.5) の最適解は $(x_1, x_2, x_3) = (8.27, 6.12, -5.55)$ であり，確かに 2 次錐制約を満たす。そして，最適値は 33.21 である。

8.2 多項式最適化問題

2 次錐制約によってさまざまな制約を表すことができる。例えば，多項式を用いて目的関数や制約式を表す最適化問題の中には，2 次錐最適化問題として表すことができるものがある。最適化問題 (8.6) は，2 次錐最適化問題として表すことができる制約なし最適化問題の例である。

$$
\text{最小化}: \sum_{i=1}^{n-3} (x_i + 3x_{i+1})^2 + 4\,(x_{i+2} - 2x_{i+3})^2 \tag{8.6}
$$

この問題は，変数 t_i，s_i $(i = 1, 2, \cdots, n-3)$ を導入することで，つぎの問題 (8.7) に書き換えることができる。

$$
\begin{cases}
\text{最小化} \quad : \displaystyle\sum_{i=1}^{n-3} t_i + 4s_i \\
\text{制約条件}: t_i \geqq (x_i + 3x_{i+1})^2 \qquad (i = 1, 2, \cdots, n-3) \\
\qquad\qquad\quad s_i \geqq (x_{i+2} - 2x_{i+3})^2 \qquad (i = 1, 2, \cdots, n-3)
\end{cases} \tag{8.7}
$$

さらに制約条件を 2 次錐制約で表すことで，2 次錐最適化問題 (8.8) として表すことができる。

$$
\left\{
\begin{array}{ll}
\text{最小化} & : \displaystyle\sum_{i=1}^{n-3} t_i + 4s_i \\
\text{制約条件} & : \begin{bmatrix} t_i + 1 \\ t_i - 1 \\ 2\left(x_i + 3x_{i+1}\right) \end{bmatrix} \in \mathcal{K}_3 \qquad (i = 1, 2, \cdots, n-3) \\
 & \begin{bmatrix} s_i + 1 \\ s_i - 1 \\ 2\left(x_{i+2} - 2x_{i+3}\right) \end{bmatrix} \in \mathcal{K}_3 \qquad (i = 1, 2, \cdots, n-3)
\end{array}
\right.
\tag{8.8}
$$

この問題を JuMP で解くプログラムが**プログラム 8-2** である。

プログラム 8-2（2 次錐最適化問題 (8.8) を解くプログラム）

```
1  using JuMP, SCS
2  
3  n = 5;
4  pop = Model(SCS.Optimizer);
5  @variable(pop, x[1:n]);
6  @variable(pop, t[1:(n-3)]);
7  @variable(pop, s[1:(n-3)]);
8  @objective(pop, Min, sum(t[i] + 4s[i] for i in 1:(n-3)));
9  @constraint(pop, [i in 1:(n-3)],
10     [t[i]+1; t[i]-1; 2(x[i]+3x[i+1])] in SecondOrderCone()
11     );
12 @constraint(pop,[i in 1:(n-3)],
13     [s[i]+1; s[i]-1; 2(x[i+2]-2x[i+3])] in SecondOrderCone()
14     );
15 set_silent(pop);
16 optimize!(pop);
17 @show termination_status(pop)
18 @show objective_value(pop)
```

5〜7 行目で，変数 x，t，s を生成し，8 行目で目的関数を設定している。

9〜11 行目で 1 番目の 2 次錐制約を定めている。@constraint() の第 3 引数は 3 次元のベクトル `[t[i]+1; t[i]-1; 2(x[i]+3x[i+1])]` が 2 次錐制約を満たすことを課している。JuMP は高度なモデリング機能を備えているので，このようにベクトルの要素が式であっても，そのまま 2 次錐制約を課すことができる。プログラム 8-2 を実行すると，**実行例 8.2** を得る。

実行例 8.2

```
termination_status(pop) = MathOptInterface.OPTIMAL
objective_value(pop) = -2.9492337537763304e-11
```

これより，最適値 0 が得られることがわかる。

一方で，主問題標準形 (8.2) または双対問題標準形 (8.3) の形に忠実に表すことが必要な場合もある。つぎに，問題 (8.8) を標準形として定める方法も述べる。

簡単のために，問題 (8.8) において $n = 4$ のケースを扱う。$n = 4$ のときは，2 次錐最適化問題 (8.9) となる。

$$\left\{\begin{array}{ll} \text{最小化} & : t_1 + 4s_1 \\ \text{制約条件} : & \begin{bmatrix} t_1 + 1 \\ t_1 - 1 \\ 2(x_1 + 3x_2) \end{bmatrix} \in \mathcal{K}_3 \\ & \begin{bmatrix} s_1 + 1 \\ s_1 - 1 \\ 2(x_3 - 2x_4) \end{bmatrix} \in \mathcal{K}_3 \end{array}\right. \tag{8.9}$$

この問題での変数は，t_1，s_1，x_1，x_2，x_3，x_4 であることに注意する。最初の 2 次錐制約は，ベクトルを用いて式 (8.10) のように書くことができる。

$$\begin{bmatrix} t_1 + 1 \\ t_1 - 1 \\ 2(x_1 + 3x_2) \end{bmatrix} = t_1 \begin{bmatrix} 1 \\ 1 \\ 0 \end{bmatrix} + x_1 \begin{bmatrix} 0 \\ 0 \\ 2 \end{bmatrix} + x_2 \begin{bmatrix} 0 \\ 0 \\ 6 \end{bmatrix} - \begin{bmatrix} -1 \\ 1 \\ 0 \end{bmatrix} \in \mathcal{K}_3 \tag{8.10}$$

同様に，2 番目の 2 次錐制約は式 (8.11) のように表される。

$$\begin{bmatrix} s_1+1 \\ s_1-1 \\ 2(x_3-2x_4) \end{bmatrix} = s_1 \begin{bmatrix} 1 \\ 1 \\ 0 \end{bmatrix} + x_3 \begin{bmatrix} 0 \\ 0 \\ 2 \end{bmatrix} + x_4 \begin{bmatrix} 0 \\ 0 \\ -4 \end{bmatrix} - \begin{bmatrix} -1 \\ 1 \\ 0 \end{bmatrix} \in \mathcal{K}_3 \tag{8.11}$$

したがって

$$\begin{bmatrix} y_1 & y_2 & y_3 & y_4 & y_5 & y_6 \end{bmatrix}^\top = \begin{bmatrix} t_1 & s_1 & x_1 & x_2 & x_3 & x_4 \end{bmatrix}^\top$$

とすれば

$$\begin{bmatrix} t_1+1 \\ t_1-1 \\ 2(x_1+3x_2) \end{bmatrix}$$
$$= y_1 \begin{bmatrix} 1 \\ 1 \\ 0 \end{bmatrix} + y_2 \begin{bmatrix} 0 \\ 0 \\ 0 \end{bmatrix} + y_3 \begin{bmatrix} 0 \\ 0 \\ 2 \end{bmatrix} + y_4 \begin{bmatrix} 0 \\ 0 \\ 6 \end{bmatrix} + y_5 \begin{bmatrix} 0 \\ 0 \\ 0 \end{bmatrix} + y_6 \begin{bmatrix} 0 \\ 0 \\ 0 \end{bmatrix} - \begin{bmatrix} -1 \\ 1 \\ 0 \end{bmatrix} \in \mathcal{K}_3$$

$$\begin{bmatrix} s_1+1 \\ s_1-1 \\ 2(x_3-2x_4) \end{bmatrix}$$
$$= y_1 \begin{bmatrix} 0 \\ 0 \\ 0 \end{bmatrix} + y_2 \begin{bmatrix} 1 \\ 1 \\ 0 \end{bmatrix} + y_3 \begin{bmatrix} 0 \\ 0 \\ 0 \end{bmatrix} + y_4 \begin{bmatrix} 0 \\ 0 \\ 0 \end{bmatrix} + y_5 \begin{bmatrix} 0 \\ 0 \\ 2 \end{bmatrix} + y_6 \begin{bmatrix} 0 \\ 0 \\ -4 \end{bmatrix} - \begin{bmatrix} -1 \\ 1 \\ 0 \end{bmatrix} \in \mathcal{K}_3$$

と表される。このようにして，問題 (8.9) は双対問題 (8.3) として表すことができる。

問題例 (8.9) の場合は，$p=2$，$n_1=3$，$n_2=3$ であり

$$\boldsymbol{a}_{11} = \begin{bmatrix} 1 \\ 1 \\ 0 \end{bmatrix}, \boldsymbol{a}_{12} = \begin{bmatrix} 0 \\ 0 \\ 0 \end{bmatrix}, \boldsymbol{a}_{13} = \begin{bmatrix} 0 \\ 0 \\ 2 \end{bmatrix}, \boldsymbol{a}_{14} = \begin{bmatrix} 0 \\ 0 \\ 6 \end{bmatrix}, \boldsymbol{a}_{15} = \begin{bmatrix} 0 \\ 0 \\ 0 \end{bmatrix}, \boldsymbol{a}_{16} = \begin{bmatrix} 0 \\ 0 \\ 0 \end{bmatrix},$$

$$
\boldsymbol{a}_{21} = \begin{bmatrix} 0 \\ 0 \\ 0 \end{bmatrix}, \boldsymbol{a}_{22} = \begin{bmatrix} 1 \\ 1 \\ 0 \end{bmatrix}, \boldsymbol{a}_{23} = \begin{bmatrix} 0 \\ 0 \\ 0 \end{bmatrix}, \boldsymbol{a}_{24} = \begin{bmatrix} 0 \\ 0 \\ 0 \end{bmatrix}, \boldsymbol{a}_{25} = \begin{bmatrix} 0 \\ 0 \\ 2 \end{bmatrix}, \boldsymbol{a}_{26} = \begin{bmatrix} 0 \\ 0 \\ -4 \end{bmatrix},
$$

$$
\boldsymbol{c}_1 = \begin{bmatrix} -1 \\ 1 \\ 0 \end{bmatrix}, \quad \boldsymbol{c}_2 = \begin{bmatrix} -1 \\ 1 \\ 0 \end{bmatrix}
$$

である。

この標準形としての表現によって2次錐最適化問題を解くプログラムを，**プログラム 8-3** に示した。

プログラム 8-3（標準形の2次錐最適化問題を解くプログラム）

```
using JuMP, SCS

m = 6
a = Matrix[
    [1 1 0; 0 0 0; 0 0 2; 0 0 6; 0 0 0; 0 0  0;],
    [0 0 0; 1 1 0; 0 0 0; 0 0 0; 0 0 2; 0 0 -4;]
];
c = [
    [-1; 1; 0],
    [-1; 1; 0]
];
b = [1, 4, 0, 0, 0, 0];
pop = Model(SCS.Optimizer);
@variable(pop, y[1:m]);
vnames = ["t1", "s1", "x1", "x2", "x3", "x4"];
for i in 1:m
    set_name(y[i], vnames[i]);
end
@constraint(pop, [p in 1:2],
    sum(y[i]*a[p][i,:] for i in 1:m) - c[p] in SecondOrderCone());
@objective(pop, Min, b’*y);
set_silent(pop);
optimize!(pop);
@show termination_status(pop);
@show objective_value(pop);
```

3 行目で双対問題の変数の数 m を指定し，4〜12 行目で制約式を表す a，b，c を定めている。このようにすると，a[1][i,:] によって $\boldsymbol{a}_{1i}$ に対応するベクトルが得られる。a[2][i,:] についても同様である。

8〜11 行目は，$\boldsymbol{c}_1$ と $\boldsymbol{c}_2$ に対応するベクトル c を定めている。a と同様に，c[1] で $\boldsymbol{c}_1$，c[2] で $\boldsymbol{c}_2$ が得られるようにしている。

14 行目で変数 y を定め，15〜18 行目では，変数 y の各要素に t1，s1 などの名前をつけている。変数に名前をつけるには set_name() を用いる。これは，y と問題 (8.9) の数式との対応がつけやすいようにするためであって，数理最適化問題の定義自体に必要なものではない。

19，20 行目では，2 次錐制約を加えている。2 次錐制約は 2 つあるので，第 2 引数を [p in 1:2] としている。第 3 引数は，制約式 (8.12) を JuMP の記法で表現したものである。

$$\sum_{i=1}^{m} y_i \boldsymbol{a}_{ki} - \boldsymbol{c}_k \in \mathcal{K}_{n_k} \tag{8.12}$$

プログラム 8-3 を実行すると，**実行例 8.3** が得られる。これより，プログラム 8-1 と同じ最適値が得られることがわかる。

実行例 8.3

```
termination_status(pop) = MathOptInterface.OPTIMAL
objective_value(pop) = -2.3022129280388365e-11
```

このプログラムで生成した問題 pop について print(pop) を対話型実行環境で実行すると，**実行例 8.4** が得られる。

実行例 8.4

```
julia> print(pop)
Min t1 + 4 s1
Subject to
 [t1 + 1, t1 - 1, 2 x1 + 6 x2] ∈ MathOptInterface.SecondOrderCone(3)
 [s1 + 1, s1 - 1, 2 x3 - 4 x4] ∈ MathOptInterface.SecondOrderCone(3)
```

8.3 信号推定問題のよい定式化

7章では，l_0 ノルム制約を l_1 ノルムで緩和することで，信号推定問題を2次最適化問題として定式化した。ここでは，l_0 ノルムを整数変数を用いて定式化することで，よりよい推定信号を得る方法を述べる。

まず，0–1変数 z_i を新たに導入する。そして，x_i のとりうる最大値 u を用いたつぎの制約式 (8.13) を課す。

$$x_i \leqq u z_i, \; z_i \in \{0, 1\} \qquad (i = 1, 2, \cdots, n) \tag{8.13}$$

この式は，z_i が0であれば $x_i \leqq 0$ となるので，$x_i = 0$ であることを課していることになる。一方，z_i が1であれば $x_i \leqq u$ であるので，x_i は0より大きい値をとりうる。したがって，$\boldsymbol{x}$ の非ゼロ要素の数は $\displaystyle\sum_{i=1}^{n} z_i$ で表される。このことから，l_0 ノルムによる疎性制約式 (8.14)

$$\|\boldsymbol{x}\|_0 \leqq k \tag{8.14}$$

は，不等式の組 (8.15) で表されることがわかる。

$$\left\{ \begin{array}{ll} \displaystyle\sum_{i=1}^{n} z_i \leqq k & \\ x_i \leqq u z_i & (i = 1, 2, \cdots, n) \end{array} \right. \tag{8.15}$$

これより，l_0 ノルムによる疎性制約をもつ信号推定問題は，問題 (8.16) として表される。変数は $\boldsymbol{x}$ と $\boldsymbol{z}$ であり，$\boldsymbol{y}$ は入力データであることに注意する。

$$\left\{ \begin{array}{lll} \text{最小化} & : \|\boldsymbol{x} - \boldsymbol{y}\|_2^2 & \\ \text{制約条件} & : \displaystyle\sum_{i=1}^{n} z_i \leqq k & (k \text{ は正の整数}) \\ & \quad x_i \leqq u z_i & (i = 1, 2, \cdots, n) \\ & \quad z_i \in \{0, 1\} & (i = 1, 2, \cdots, n) \end{array} \right. \tag{8.16}$$

この問題は，0-1 変数をもつ 2 次錐最適化問題として定式化することができる。まず，目的関数を展開して式 (8.17) と表す。

$$\|\boldsymbol{x}-\boldsymbol{y}\|_2^2 \;=\; \sum_{i=1}^{n} x_i^2 - \sum_{i=1}^{n} 2x_i y_i + \sum_{i=1}^{n} y_i^2 \tag{8.17}$$

ここで，変数 s_i $(i=1,2,\cdots,n)$ を新たに導入し，式 (8.17) の最初の和における x_i^2 を s_i で置き換え，制約式に $s_i \geqq x_i^2$ という制約を加える。このようにして，問題 (8.18) を得る。

$$\begin{cases} \text{最小化} &: \displaystyle\sum_{i=1}^{n} s_i - \sum_{i=1}^{n} 2x_i y_i + \sum_{i=1}^{n} y_i^2 \\ \text{制約条件} &: \displaystyle\sum_{i=1}^{n} z_i \leqq k \qquad (k\text{ は正の整数}) \\ & \quad x_i \leqq u z_i \qquad (i=1,2,\cdots,n) \\ & \quad s_i \geqq x_i^2 \qquad (i=1,2,\cdots,n) \\ & \quad z_i \in \{0,1\} \qquad (i=1,2,\cdots,n) \end{cases} \tag{8.18}$$

制約式 $s_i \geqq x_i^2$ は 2 次錐制約として表されるので，問題 (8.18) は，0–1 変数をもつ 2 次錐最適化問題 (8.19) として表される。

$$\begin{cases} \text{最小化} &: \displaystyle\sum_{i=1}^{n} s_i - \sum_{i=1}^{n} 2x_i y_i + \sum_{i=1}^{n} y_i^2 \\ \text{制約条件} &: \displaystyle\sum_{i=1}^{n} z_i \leqq k \qquad (k\text{ は正の整数}) \\ & \quad x_i \leqq u z_i \qquad (i=1,2,\cdots,n) \\ & \quad \begin{bmatrix} s_i+1 \\ s_i-1 \\ 2x_i \end{bmatrix} \in \mathcal{K}_3 \qquad (i=1,2,\cdots,n) \\ & \quad z_i \in \{0,1\} \qquad (i=1,2,\cdots,n) \end{cases} \tag{8.19}$$

問題 (8.19) を解くためのプログラムが，**プログラム 8-4** である。

プログラム 8-4（信号推定問題を整数 2 次錐最適化問題で解くプログラム）

```
using CSV, DataFrames
using JuMP, Pajarito, HiGHS, SCS
using LinearAlgebra, SparseArrays

noiseless = DataFrame(CSV.File("synthetic_noiseless.csv"));
sigma05 = DataFrame(CSV.File("synthetic_sigma05.csv"));
n, k = 300, 97;
y = Matrix(sigma05[1:n, :]);
yast = Matrix(noiseless[1:n, :]);

oa_solver = optimizer_with_attributes(HiGHS.Optimizer,
    MOI.Silent() => true,
    "mip_feasibility_tolerance" => 1e-8,
    "mip_rel_gap" => 1e-6
);
conic_solver = optimizer_with_attributes(SCS.Optimizer,
    MOI.Silent() => true,
);
opt = optimizer_with_attributes(Pajarito.Optimizer,
    "time_limit" => 600,
    "oa_solver" => oa_solver,
    "conic_solver" => conic_solver,
);

s_socp = Model(opt);
@variable(s_socp, x[1:n] >= 0);
@variable(s_socp, s[1:n] >= 0);
@variable(s_socp, z[1:n], Bin);
@objective(s_socp, Min,
    sum(s[i] - 2y[i]*x[i] + y[i]^2 for i in 1:n)
);
@constraint(s_socp, sum(z[:]) <= k);
@constraint(s_socp,[i in 1:n],
    [s[i]+1; s[i]-1; 2x[i]] in SecondOrderCone()
    );
u=findmax(Matrix(y))[1]*1.1;
@constraint(s_socp, [i in 1:n], x[i] <= u*z[i]);
optimize!(s_socp);
@show termination_status(s_socp);
@show objective_value(s_socp);

tol = 1e-5;
nzcnt = length([i for i in 1:n if value.(x[i]) > tol]);
println("推定信号での非ゼロ要素の数（l0 ノルム）: ", nzcnt);
```

```
45 println("推定信号での絶対値の和（l1 ノルム）: ", norm(value.(x), 1));
46 println("測定データとの誤差: ", norm(value.(x) - y, 2)^2);
```

この問題は整数 2 次錐最適化問題であるので，整数錐最適化ソルバーである Pajarito を用いる。Pajarito をインストールするには，対話型実行環境で**実行例 8.5** に示したコマンドを実行する。

実行例 8.5

```
julia> using Pkg
julia> Pkg.add("Pajarito")
julia> using Pajarito
```

Pajarito は，整数錐最適化問題のソルバーである。このソルバーは，2 つの外部ソルバーを利用する。1 つは整数最適化ソルバーであり，もう 1 つは錐最適化ソルバーである。Pajarito をソルバーとして指定するために，25 行目で Model(opt) と指定している。そして，opt は 19〜23 行目で生成している。opt は，optimizer_with_attributes() で生成するが，その第 1 引数に Pajarito.Optimizer を指定することで，ソルバーとして Pajarito を用いることを定めている。このとき，同時に "oa_solver" と "conic_solver" も指定する。"oa_solver" によって用いる整数最適化ソルバーを，"conic_solver" によって用いる錐最適化ソルバーを，それぞれ指定する。oa_solver は 11〜15 行目で生成している。第 1 引数を HiGHS.Optimizer としているが，これは整数最適化ソルバーとして HiGHS を用いることを定めている。conic_solver は 16〜18 行目で生成している。第 1 引数を SCS.Optimizer としているが，これは錐最適化ソルバーとして SCS を用いることを定めている。

26〜28 行目で変数を定め，29〜31 行目で目的関数を設定している。

32 行目では非ゼロ要素の数を k 以下にするという制約を，33〜35 行目では 2 次錐制約を，それぞれ課している。

36 行目では，x[i] のとりうる値の最大値 u を設定している。ここでは y の最大値の 1.1 倍としている。

37 行目は，x[i] と u[i] の関係を定めるものである。

プログラム 8-4 を実行することで，**実行例 8.6** を得る。

実行例 8.6

```
termination_status(s_socp) = MathOptInterface.OPTIMAL
objective_value(s_socp) = 64.76059625088885
推定信号での非ゼロ要素の数（l0 ノルム）: 97
推定信号での絶対値の和（l1 ノルム）: 170.44195953940974
測定データとの誤差: 64.76175772221698
```

$n = 300$，$k = 97$ とした場合に得られる推定信号（Isocp）を，オリジナルの信号（Noiseless）とあわせて**図 8.2** に示した。オリジナルの信号が 0 であるところは，推定信号でも多くのところで 0 となっている。また，オリジナルの信号が 2 以上の大きな値をとるところでは，推定信号として同程度の値が得られている。

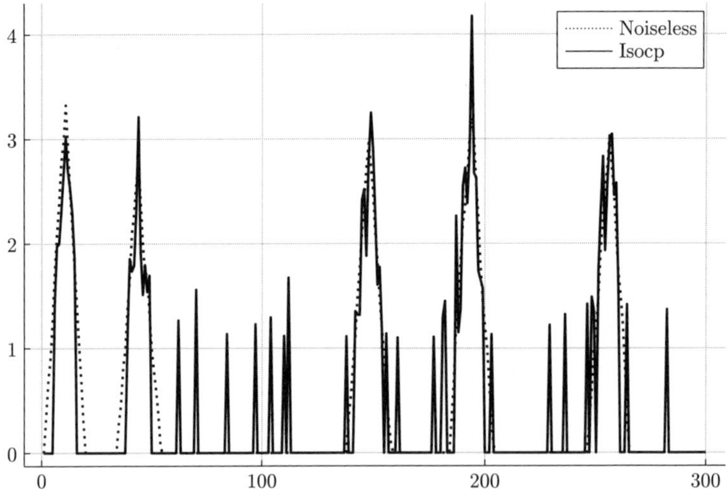

図 8.2　整数 2 次錐最適化問題による推定信号（$n = 300$，$k = 97$）

これらのことから，l_1 ノルムで緩和した定式化で得られる信号（図 7.3，図 7.4）よりもすぐれた推定ができたといえるだろう。l_0 ノルムを緩和せず，そのまま整数最適化問題として定式化すると，このようなすぐれた推定を行うことができる。

l_0 ノルム制約による整数 2 次錐最適化問題 (8.19) を解くプログラム 8-4 による計算結果を，**表 8.1** に示した。n の値がいずれの場合も，得られた推定信号の非ゼロ要素の数（l_0 ノルム）は，疎性制約のパラメータ k と一致している。また，実行時間の増え方は，n の値が大きくなるにつれて大きくなっている。例えば，n の値を 100 から 1 000 に 10 倍にすると，計算時間は 30 倍以上まで大きくなっている。

表 8.1 整数 2 次錐最適化問題 (8.19) による計算結果

データ数 n	50	100	300	500	1 000
誤差 $\|\boldsymbol{x}-\boldsymbol{y}\|_2^2$	2.506	14.139	64.762	107.055	299.593
k	34	38	97	155	191
l_0 ノルム	34	38	97	155	191
実行時間（秒）	0.075	0.205	1.761	2.737	6.337

このように，変数の数が増えるにつれて計算時間がどんどん長くなっていくことは，整数変数を含んだ問題を解くときの特徴である。これは，分枝限定法を実行している限りは起こりうることである。その対策の 1 つは，できるだけよい定式化を用いることである。

よい定式化を得るために，問題 (8.19) における数式 $x_i \leqq uz_i$ に注目する。これは，$z_i = 0$ のとき $x_i \leqq 0$ となり，x_i は 0 となることを課している。一方，$z_i = 1$ のとき，$x_i \leqq u$ となり，x_i は 0 より大きい値をとりうる。つまり，0–1 変数 z_i の値が連続変数 x_i の値の “オン・オフ” を切り替える関係にある。このような関係にあるとき，目的関数における関数 $f(x_i)$ は，$z_i f(x_i/z_i)$ に置き換えると，よりよい定式化が得られることが知られている。

目的関数 (8.17) において

$$f(x_i) \;=\; x_i^2 - 2x_i y_i \tag{8.20}$$

とおく。この $f(x_i)$ に対して $z_i f(x_i/z_i)$ は

$$z_i f\left(\frac{x_i}{z_i}\right) \;=\; z_i\left\{\left(\frac{x_i}{z_i}\right)^2 - 2\left(\frac{x_i}{z_i}\right)y_i\right\} \;=\; \frac{x_i^2}{z_i} - 2x_i y_i$$

となる。$f(x_i)$ を $z_i f(x_i/z_i)$ で置き換えると，目的関数 (8.17) は目的関数 (8.21) となる。

$$\sum_{i=1}^{n}\left(\frac{x_i^2}{z_i}-2x_iy_i\right)+\sum_{i=1}^{n}y_i^2 \tag{8.21}$$

この目的関数を用いる場合，$s_i \geqq x_i^2$ とする代わりに $s_i \geqq x_i^2/z_i$ とすればよい。この不等式は，2 次錐制約 (8.22) で表される。

$$\begin{bmatrix} s_i+z_i \\ s_i-z_i \\ 2x_i \end{bmatrix} \in \mathcal{K}_3 \tag{8.22}$$

これをプログラムに反映するには，プログラム 8-4 の 34 行目

問題 (8.19) での 2 次錐制約

```
[s[i]+1; s[i]-1; 2x[i]] in SecondOrderCone()
```

を，つぎの 2 次錐制約で置き換えればよい。

置き換えるための 2 次錐制約

```
[s[i]+z[i]; s[i]-z[i]; 2x[i]] in SecondOrderCone()
```

このようにしてもう 1 つの定式化を得る方法を，**perspective 再定式化**[12)] とよぶ。

元のプログラム 8-4 と，その 34 行目を上記の制約で置き換えたプログラムとの実行時間を比較したものが，**表 8.2** である。この表を見ると，perspective 再定式化によって実行時間が短く抑えられていることがわかる。データ数 n が 1 000 のときは，perspective 再定式化による実行時間は，問題 (8.19) による実

表 8.2　プログラム 8-4 とその perspective 再定式化との実行時間の比較

データ数 n	50	100	300	500	1 000
問題 (8.19) による実行時間（秒）	0.075	0.205	1.761	2.737	6.337
perspective 再定式化による実行時間（秒）	0.041	0.074	0.246	0.488	0.994

行時間の 1/6 以下に抑えられている。

perspective 再定式化は，整数条件を緩和した問題が元の整数最適化問題の実行可能領域の凸包を与えることが理論的にわかっている。すなわち，最もよい凸緩和問題を与えることがわかっている。実際に必要な変更点は 34 行目の `1` を `z[i]` に変更することだけであるが，その効果は顕著である。ある問題を数理最適化に定式化する方法は一般に複数あるが，その中でどれを採用するかは実際の実行時間に大きく影響する。そして，適切な定式化の方法を知るには数理最適化の理論をフォローする必要がある。自らフォローすることが難しい場合は，数理最適化を専門とする研究者や企業に尋ねるとよい。

このデータでは，perspective 再定式化による実行時間は n の大きさに比例しているように見えるが，n がさらに大きい問題では，必ずしもそうなるとは限らない。perspective 再定式化で得られる問題も相変わらず整数 2 次錐最適化問題であるので，n を大きくするにしたがって，急激に実行時間が増える可能性がある。

9章 半正定値最適化問題

半正定値最適化問題は，線形最適化問題を行列変数に一般化したものと見ることができる。線形最適化問題は n 次元ユークリッド空間 $\mathbb{R}^n$ 上で定義され，変数は $\boldsymbol{x} \in \mathbb{R}^n$ であった。これに対して，半正定値最適化問題は $n \times n$ 実対称行列の空間 $\mathcal{S}^n$ で定義され，変数は**行列変数** $X \in \mathcal{S}^n$ である。

線形最適化問題では，目的関数や制約式の定義にベクトルの内積を用いる。このベクトルの内積を，ここでは $\boldsymbol{u} \cdot \boldsymbol{v}$ と表すことにする。

$$\boldsymbol{u} \cdot \boldsymbol{v} \;=\; \sum_{j=1}^{n} u_i v_i$$

これに対応して，行列 U と V の内積 $\boldsymbol{U} \bullet \boldsymbol{V}$ を，式 (9.1) で定義する。

$$\boldsymbol{U} \bullet \boldsymbol{V} \;=\; \sum_{i=1}^{n}\sum_{j=1}^{n} U_{ij} V_{ij} \tag{9.1}$$

また，行列 $\boldsymbol{X} \in \mathbb{R}^{n \times n}$ が半正定値であるとは，すべてのベクトル $\boldsymbol{d} \in \mathbb{R}^n$ に対して $\boldsymbol{d}^\top \boldsymbol{X} \boldsymbol{d} \geqq 0$ が成り立つことであり，$\boldsymbol{X} \succeq \boldsymbol{O}$ と表す。これは，すべての固有値が非負であることと同値である。固有値とは，式 (9.2) の関係を満たす λ のことであり，この式に現れるベクトル $\boldsymbol{x}$ は，固有値 λ に対応する固有ベクトルという。

$$\boldsymbol{A}\boldsymbol{x} \;=\; \lambda \boldsymbol{x} \tag{9.2}$$

また，この行列の内積は，積の**トレース**でも表される。

$$\boldsymbol{C} \bullet \boldsymbol{X} \;=\; \mathrm{tr}(\boldsymbol{C}^\top \boldsymbol{X})$$

この記号を用いると，線形最適化問題は問題 (9.3) と表すことができる。

$$
\begin{cases}
\text{最大化} & : \boldsymbol{c} \cdot \boldsymbol{x} \\
\text{制約条件} & : \boldsymbol{a}_i \cdot \boldsymbol{x} = b_i \qquad (i = 1, 2, \cdots, m) \\
 & \quad \boldsymbol{x} \in \mathbb{R}^n, \boldsymbol{x} \geqq \boldsymbol{0}
\end{cases}
\tag{9.3}
$$

線形最適化問題に現れるベクトルをそれぞれ行列に置き換えることで，半正定値最適化問題 (9.4) を定義する。

$$
\begin{cases}
\text{最大化} & : \boldsymbol{C} \bullet \boldsymbol{X} \\
\text{制約条件} & : \boldsymbol{A}_i \bullet \boldsymbol{X} = b_i \qquad (i = 1, 2, \cdots, m) \\
 & \quad \boldsymbol{X} \in \mathcal{S}^n, \boldsymbol{X} \succeq \boldsymbol{O}
\end{cases}
\tag{9.4}
$$

ここで，$\boldsymbol{A}_i \in \mathcal{S}^n$ $(i = 1, 2, \cdots, m)$，$\boldsymbol{C} \in \mathcal{S}^n$ である。

いま，ベクトル $\boldsymbol{x}$ の成分 x_j を対角成分とする対角行列を $\mathrm{diag}(\boldsymbol{x})$ と表す。

$$
\mathrm{diag}(\boldsymbol{x}) = \begin{bmatrix} x_1 & 0 & \cdots & 0 \\ 0 & x_2 & 0 & 0 \\ \vdots & \vdots & \ddots & \vdots \\ 0 & 0 & \cdots & x_n \end{bmatrix}
$$

これを用いて

$$
\boldsymbol{X} = \mathrm{diag}(\boldsymbol{x}), \quad \boldsymbol{A}_i = \mathrm{diag}(\boldsymbol{a}_i) \qquad (i = 1, 2, \cdots, m) \tag{9.5}
$$

と定義する。このようにすると，つぎの関係が成り立つ。

$$
\boldsymbol{A}_i \bullet \boldsymbol{X} \Leftrightarrow \boldsymbol{a}_i \cdot \boldsymbol{x} \qquad (i = 1, 2, \cdots, m)
$$

$$
\boldsymbol{X} \succeq \boldsymbol{O} \Leftrightarrow \boldsymbol{x} \geqq \boldsymbol{0}
$$

つまり，線形最適化問題 (9.3) は，半正定値最適化問題 (9.4) の特殊な場合とみることができる。

`JuMP` で半正定値行列変数を定義するには，`@variable()` の第 2 引数に**正方行列**を，第 3 引数に `PSD` を，それぞれ指定する。

半正定値行列変数

```
model=Model()
@variable(model, x[1:3, 1:3], PSD)
```

このプログラムにより，3×3 の行列変数が定められる。PSD は半正定値を表す positive semidefinite の頭文字である。

半正定値最適化問題を解く機能をもつソルバーとして SCS を用いる。SCS をインストールするには，つぎのコマンドを実行する。

SCS のインストール

```
julia> import Pkg
julia> Pkg.add("SCS")
```

まず，3×3 行列を変数とする半正定値最適化問題 (9.6) を解くプログラムを，**プログラム 9-1** に示す。

$$
\left\{
\begin{array}{ll}
\text{最大化}\quad : & \begin{bmatrix} 2 & -1 & -2 \\ -1 & 3 & -1 \\ -2 & -1 & 4 \end{bmatrix} \bullet \begin{bmatrix} x_{11} & x_{12} & x_{13} \\ x_{21} & x_{22} & x_{23} \\ x_{31} & x_{32} & x_{33} \end{bmatrix} \\
\text{制約条件}: & \begin{bmatrix} 3 & 1 & -4 \\ 1 & 2 & 2 \\ -4 & 2 & 1 \end{bmatrix} \bullet \begin{bmatrix} x_{11} & x_{12} & x_{13} \\ x_{21} & x_{22} & x_{23} \\ x_{31} & x_{32} & x_{33} \end{bmatrix} = 3 \\
 & \begin{bmatrix} 4 & 0 & -1 \\ 0 & 1 & 1 \\ -1 & 1 & 2 \end{bmatrix} \bullet \begin{bmatrix} x_{11} & x_{12} & x_{13} \\ x_{21} & x_{22} & x_{23} \\ x_{31} & x_{32} & x_{33} \end{bmatrix} = 3.5 \\
 & \begin{bmatrix} x_{11} & x_{12} & x_{13} \\ x_{21} & x_{22} & x_{23} \\ x_{31} & x_{32} & x_{33} \end{bmatrix} \succeq \boldsymbol{O}
\end{array}
\right.
\tag{9.6}
$$

プログラム 9-1（半正定値最適化問題 (9.6) を解くプログラム）

```
1  using JuMP, SCS
2  using LinearAlgebra
3
4  n = 3;
5  C = [
6       2  -1  -2;
7      -1   3  -1;
8      -2  -1   4;
9  ];
10 A1 = [
11      3  1  -4;
12      1  2   2;
13     -4  2   1;
14 ];
15 A2 = [
16      4  0  -1;
17      0  1   1;
18     -1  1   2;
19 ];
20 As = Matrix[A1, A2];
21 bs = [3.0, 3.5];
22 sdp = Model(SCS.Optimizer);
23 @variable(sdp, X[1:n, 1:n], PSD);
24 @objective(sdp, Max, LinearAlgebra.tr(transpose(C) * X));
25 for (A, b) in zip(As, bs)
26     @constraint(sdp, LinearAlgebra.tr(transpose(A)*X) == b)
27 end
28 optimize!(sdp);
29 @show termination_status(sdp);
30 @show objective_value(sdp);
31 @show value(X);
```

ここで解きたいのは半正定値最適化問題であるから，ソルバーとして SCS を用いる。

4 行目では，行列の行数・列数を表す n を定めている。

5〜9 行目では，目的関数における変数の係数行列 C を定めている。これは 3×3 の行列であるので，セミコロン ; で区切って行を 3 つ並べている。10〜14 行目では，1 番目の制約式を定める係数行列 A1 を定め，15〜19 行目では，2 番目の制約式を定める係数行列 A2 を定めている。A1 と A2 はそれぞれ Matrix

となる。20 行目では，A1 と A2 を要素とする As を定めている。このようにすることで，As[1] によって A1 に，As[2] によって A2 にアクセスできる。対話型実行環境で As を画面に表示すると，**実行例 9.1** のようになる。

実行例 9.1

```
julia> As
2-element Vector{Matrix}:
 [3 1 -4; 1 2 2; -4 2 1]
 [4 0 -1; 0 1 1; -1 1 2]
```

これより，As は 2 つの Matrix を要素とする Vector であることが確認できる。なお，As[1] により最初の要素の行列を得ることができる（**実行例 9.2**）。

実行例 9.2

```
julia> As[1]
3x3 Matrix{Int64}:
  3  1  -4
  1  2   2
 -4  2   1
```

プログラム 9-1 の 21 行目は，制約式の右辺をベクトル bs として定めるものである。制約式は 2 つあるので，このベクトルは 2 つの要素からなる。

22 行目では，Model() により問題を生成している。ここで解きたいのは半正定値最適化問題であるので，SCS.Optimizer を指定している。

23 行目では，変数 X を生成している。第 3 引数に PSD を与えることで，半正定値条件を課している。

24 行目では，目的関数を定めている。ここでは $\mathrm{tr}(\boldsymbol{C}^\top \boldsymbol{X})$ によって定めている。

25〜27 行目では，制約式を定めている。25 行目の for 文では，zip(As,bs) を用いている。As と bs はともに 2 つの要素をもつベクトルであるので，(A,b) としては順に (As[1],bs[1])，(As[2],bs[2]) が設定される。

28 行目で定めた半正定値最適化問題を解き，29〜31 行目で最適化の結果を画面に表示する。

プログラム 9-1 を実行すると，**実行例 9.3** が得られる。

実行例 9.3

```
------------------------------------------------------------------
       SCS v3.2.0 - Splitting Conic Solver
(c) Brendan O'Donoghue, Stanford University, 2012
------------------------------------------------------------------
problem:  variables n: 6, constraints m: 8
cones:    z: primal zero / dual free vars: 2
  s: psd vars: 6, ssize: 1
settings: eps_abs: 1.0e-04, eps_rel: 1.0e-04, eps_infeas: 1.0e-07
  alpha: 1.50, scale: 1.00e-01, adaptive_scale: 1
  max_iters: 100000, normalize: 1, rho_x: 1.00e-06
  acceleration_lookback: 10, acceleration_interval: 10
lin-sys:  sparse-direct
  nnz(A): 17, nnz(P): 0
------------------------------------------------------------------
 iter | pri res | dua res |   gap    |   obj    |  scale   | time (s)
------------------------------------------------------------------
     0| 2.75e+01  4.63e+00  4.35e+02 -2.23e+02  1.00e-01  6.30e-05
   150| 3.36e-05  2.55e-05  1.31e-06 -3.25e+01  5.32e-01  1.07e-03
------------------------------------------------------------------
status:  solved
timings: total: 1.21e-03s = setup: 1.34e-04s + solve: 1.08e-03s
 lin-sys: 9.01e-05s, cones: 7.98e-04s, accel: 1.96e-05s
------------------------------------------------------------------
objective = -32.489712
------------------------------------------------------------------
termination_status(model) = MathOptInterface.OPTIMAL
objective_value(sdp) = 32.489712891439034
value(X) = [0.004437007641887l664 0.1716110180840618
-0.0830544003764973; 0.1716110180840618 6.625369217067733
-3.205697940518515; -0.0830544003764973 -3.205697940518515
1.551084944644291]
```

termination_status(model) が OPTIMAL であるので，最適解が得られたことがわかる。また，最適値は -32.490 であり，最適解は value(X) で示されている。

9.1 最大カット問題の緩和解

半正定値最適化問題を用いて，**最大カット問題**の近似解を求める方法を述べる[13),14)]。

最大カット問題は，グラフ上の最適化問題の1つである。いま，点集合 V と枝集合 E で定められる単純無向グラフ $G=(V,E)$ が与えられたとする。単純グラフとは，任意の2点間 (i,j) に2本以上の枝がないグラフのことをいう。また，各枝 $(i,j)\in E$ に非負の重み c_{ij} も与えられるとする。点集合 V の**カット**とは，$L\cap R=\emptyset$，$L\cup R=V$ となるような $L,R\subseteq V$ のことをいう。すなわち，L，R には共通の要素はなく，かつ，V の各要素は L か R のいずれか1つに属す。

カット L，R の重みは，一方の端点 i が L，他方の端点 j が R に属する枝 (i,j) の重み c_{ij} の和として定められる。

最大カット問題は，重みが最大となるカット (L,R) を求める問題である。これを数理最適化問題として定式化する。

まず，決定変数として各点 $i\in V$ に対して x_i を定義する。この変数は，点 i が L に属すとき1，R に属すとき -1 をとるものである。

$$x_i = \begin{cases} 1 & (i\in L \text{ のとき}) \\ -1 & (i\in R \text{ のとき}) \end{cases}$$

この変数を用いると，最大カット問題は，つぎの数理最適化問題(9.7)として定式化できる。

$$\begin{cases} \text{最大化} & : \dfrac{1}{2}\displaystyle\sum_{(i,j)\in E} c_{ij}\left(1-x_ix_j\right) \\ \text{制約条件} & : x_i\in\{1,-1\} \qquad (\forall i\in V) \end{cases} \tag{9.7}$$

点 i と j が L と R で別の集合に入るとき，すなわち，$i\in L$ かつ $j\in R$，または $i\in R$ かつ $j\in L$ であるとき，$x_ix_j=-1$ となる。このとき，目的関数における $c_{ij}(1-x_ix_j)$ は $2c_{ij}$ となる。したがって，$(1/2)\times 2c_{ij}=c_{ij}$ が目的関数に加わる。一方で，i，$j\in L$ または i，$j\in R$ であるときは $x_ix_j=1$ であるため，$1-x_ix_j=0$ となる。したがって，目的関数に c_{ij} は加わらない。

この問題を，行列 $\boldsymbol{X}=\boldsymbol{x}\boldsymbol{x}^\top$ を用いて表すことにする。例えば，$\boldsymbol{x}$ が3次元のベクトルとすると

$$\boldsymbol{X} = \boldsymbol{x}\boldsymbol{x}^\top = \begin{bmatrix} x_1 \\ x_2 \\ x_3 \end{bmatrix} \begin{bmatrix} x_1 & x_2 & x_3 \end{bmatrix} = \begin{bmatrix} x_1^2 & x_1x_2 & x_1x_3 \\ x_2x_1 & x_2^2 & x_2x_3 \\ x_3x_1 & x_3x_2 & x_3^2 \end{bmatrix}$$

となる。この行列 $\boldsymbol{X}$ の (i, j) 成分は $x_i x_j$ であるので，$x_i x_j$ に X_{ij} を代入することで，問題 (9.7) の目的関数は

$$\text{最大化}: \frac{1}{2} \sum_{(i,j) \in E} c_{ij} \left(1 - X_{ij}\right)$$

と表すことができる。また，制約条件の $x_{ij} \in \{-1, 1\}$ は

$$\begin{aligned} &\boldsymbol{X} \succ \boldsymbol{O} \\ &X_{ii} = 1 \\ &\operatorname{rank}(\boldsymbol{X}) = 1 \end{aligned}$$

という 3 つの制約として表される。これらより，最大カット問題は，つぎの数理最適化問題 (9.8) として定式化される。

$$\left\{ \begin{aligned} &\text{最大化} &&: \frac{1}{2} \sum_{(i,j) \in E} c_{ij}(1 - X_{ij}) \\ &\text{制約条件} &&: \boldsymbol{X} \succeq \boldsymbol{O} \\ & && \quad X_{ii} = 1 \qquad (i = 1, 2, \cdots, n) \\ & && \quad \operatorname{rank}(\boldsymbol{X}) = 1 \end{aligned} \right. \tag{9.8}$$

この問題 (9.8) は難しく，このままでは解くことができない。そこで，$\boldsymbol{X}$ の階数が 1 であるという制約 $\operatorname{rank}(\boldsymbol{X}) = 1$ は取り除く。この問題は半正定値最適化問題 (9.9) となり，効率的に解くことができる。

$$\left\{ \begin{aligned} &\text{最大化} &&: \frac{1}{2} \sum_{(i,j) \in E} c_{ij} \left(1 - X_{ij}\right) \\ &\text{制約条件} &&: \boldsymbol{X} \succeq \boldsymbol{O} \\ & && \quad X_{ii} = 1 \qquad (i = 1, 2, \cdots, n) \end{aligned} \right. \tag{9.9}$$

この問題 (9.9) は，制約条件 $\mathrm{rank}(\boldsymbol{X}) = 1$ を緩和して得られた半正定値最適化問題であるので，最大カット問題の**半正定値最適化緩和**とよばれる。半正定値最適化緩和の実行可能領域は，元の問題 (9.8) の実行可能領域よりも広い。したがって，半正定値最適化緩和 (9.9) の最適値は，元の問題 (9.8) の最適値以上であることがわかる。つまり，半正定値最適化緩和 (9.9) の最適値は，元の問題 (9.8) の最適値の上界を与えることがわかる。

この半正定値最適化問題を，JuMP を用いて表す。目的関数を定めるには，グラフの**ラプラシアン**を用いるとよい。ラプラシアンを定めるには，要素 D_{ii} が点 i を含む枝 (i, j) の重みの和である対角行列 $\boldsymbol{D}$ を定める。そして，その行列 $\boldsymbol{D}$ から重み行列 $\boldsymbol{c}$ を引くことでラプラシアンが定められる。例として $V = \{1, 2, 3\}$，$E = \{(1, 2), (1, 3), (2, 3)\}$ で定められるグラフ $G = (V, E)$ を取り上げる（図 **9.1**）。重みは行列

$$\boldsymbol{c} = \begin{bmatrix} 0 & 1 & 2 \\ 1 & 0 & 5 \\ 2 & 5 & 0 \end{bmatrix}$$

で表される。このグラフで，点 1 を含む枝の重みの和を求めるには，行列 $\boldsymbol{c}$ の 1 行目の成分の和を求めればよい。点 2，3 についても同様である。したがって，行列 $\boldsymbol{c}$ にすべての要素が 1 の 3 次元ベクトルを右から掛けて得られるベクトルを対角成分とする行列として，下記の $\boldsymbol{D}$ が定められる。そして，この $\boldsymbol{D}$ から重み行列 $\boldsymbol{c}$ を引いたものがラプラシアン $\boldsymbol{L}$ となる。

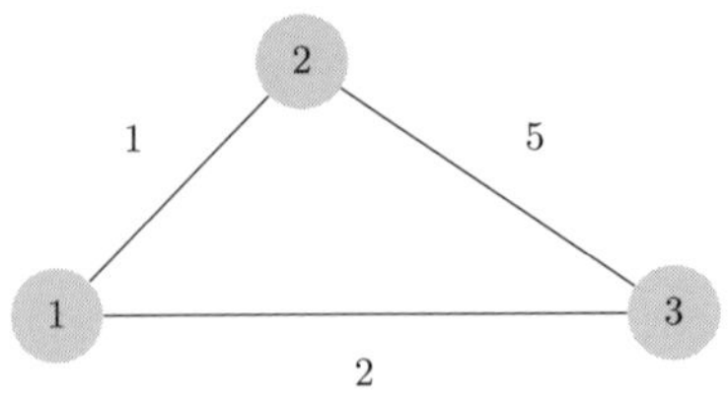

図 **9.1**　ラプラシアンを定めるグラフの例

$$\boldsymbol{c}\times\begin{bmatrix}1\\1\\1\end{bmatrix}=\begin{bmatrix}3\\6\\7\end{bmatrix},\quad \boldsymbol{D}=\begin{bmatrix}3&0&0\\0&6&0\\0&0&7\end{bmatrix},\quad \boldsymbol{L}=\boldsymbol{D}-\boldsymbol{c}=\begin{bmatrix}3&-1&-2\\-1&6&-5\\-2&-5&7\end{bmatrix}$$

問題 (9.9) の目的関数は，このラプラシアンと変数行列 $\boldsymbol{X}$ の内積に 1/2 を掛けたものとして定められる。

$$\begin{aligned}\frac{1}{2}\boldsymbol{L}\bullet\boldsymbol{X}&=\begin{bmatrix}3&-1&-2\\-1&6&-5\\-2&-5&7\end{bmatrix}\bullet\begin{bmatrix}1&X_{12}&X_{13}\\X_{21}&1&X_{23}\\X_{31}&X_{32}&1\end{bmatrix}\\&=\frac{1}{2}(3-X_{12}-2X_{13}-X_{21}+6-5X_{23}-2X_{31}-5X_{32}+7)\\&=\frac{1}{2}(16-2X_{12}-4X_{13}-10X_{23})\\&=8-X_{12}-2X_{13}-5X_{23}\end{aligned}$$

この例からもわかるように，ラプラシアンを用いることで，確かにこの目的関数が正しく定義される。

ここまで述べた方法を，JuMP を用いてプログラムする。

まず，ラプラシアンを求め，つぎに $n\times n$ の変数行列を定義する。変数を定義する際に，半正定値制約を課す。あとは，対角成分が 1 であるという制約を追加し，ラプラシアンを用いて目的関数を定義して解けばよい。

ここで例題として用いるグラフは，五角形のグラフとする（図 **9.2**）。すなわち，$V=\{1,2,3,4,5\}$，$E=\{(1,2),(2,3),(3,4),(4,5),(5,1)\}$ とする。また，枝のコストはすべて 1 とする。このグラフに対する最大カット問題の最適解は $L=\{1,3,5\}$，$R=\{2,4\}$ である。ただし，R または L を 1 つ飛ばしの 2 点からなる集合とすれば，点の番号は異なっていてもよい。例えば，$L=\{2,4,1\}$，$R=\{3,5\}$ も最適解である。また，そのときの目的関数の値（最適値）は 4 であることがわかっている。

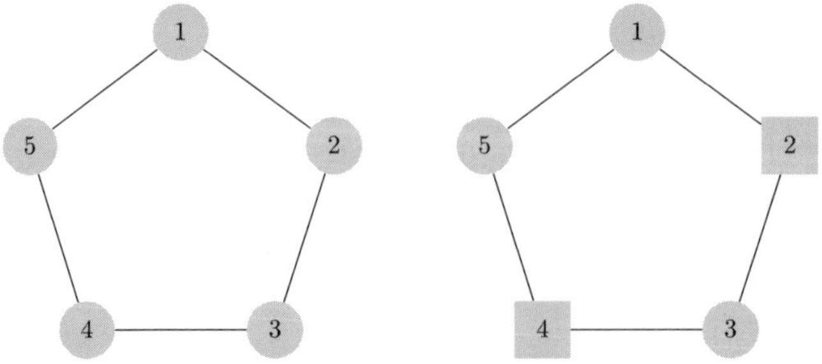

(a)　問題例　　　(b)　最大カットの例（$L = \{1,3,5\}$, $R = \{2,4\}$）

図 **9.2**　五角形のグラフ

半正定値最適化緩和 (9.9) を定義して解くプログラムが，**プログラム 9-2** である。

プログラム **9-2**（最大カット問題の半正定値最適化緩和 (9.9)）

```
1   using LinearAlgebra
2   using JuMP, SCS
3
4   n = 5;
5   c = [
6       0 1 0 0 1;
7       1 0 1 0 0;
8       0 1 0 1 0;
9       0 0 1 0 1;
10      1 0 0 1 0;
11  ];
12  L = LinearAlgebra.diagm(c*ones(n)) - c;
13  maxcut_rel = Model(SCS.Optimizer);
14  @variable(maxcut_rel, X[i = 1:n, j = 1:n], PSD);
15  @objective(maxcut_rel, Max, 1/2*LinearAlgebra.dot(L, X));
16  @constraint(maxcut_rel, LinearAlgebra.diag(X) .== 1);
17  optimize!(maxcut_rel);
18  @show termination_status(maxcut_rel);
19  @show objective_value(maxcut_rel);
20  println(round.(value(X); digits=2));
```

4 行目で点数 n を定めている。5〜11 行目は，図 9.2 に示した五角形のグラフの重みを表す行列 c を定めている。例えば，6 行目は点 1 を端点とする枝を表している。点 1 を端点とする枝は $(1,2)$ と $(1,5)$ であるから，$(1,2)$ 成分と $(1,5)$ 成分に枝のコスト 1 を設定している。6 行目のそれ以外の要素は 0 とする。

12 行目では，グラフのラプラシアン `L` を設定している。`c*ones(n)` によって行列 `c` の各行の成分の和を要素とする n 次元ベクトルが得られる。そのベクトルから `LinearAlgebra.diagm(c*ones(n))` によって対角行列を生成し，そこからコスト行列 `c` を引く。コスト行列 `c` に右からすべての要素が 1 のベクトル `ones(n)` を掛けると，ベクトル $[2.0, 2.0, 2.0, 2.0, 2.0]$ が得られる。これらの要素を対角成分とする対角行列 `LinearAlgebra.diagm(c*ones(n))` と，それから `c` を引いた行列（ラプラシアン）を対話型実行環境で表示すると，つぎのようになる。

各点を端点とする枝の重みの和とラプラシアン

```
julia> LinearAlgebra.diagm(c*ones(n))
5x5 Matrix{Float64}:
  2.0  0.0  0.0  0.0  0.0
  0.0  2.0  0.0  0.0  0.0
  0.0  0.0  2.0  0.0  0.0
  0.0  0.0  0.0  2.0  0.0
  0.0  0.0  0.0  0.0  2.0
julia> LinearAlgebra.diagm(c*ones(n)) - c
5x5 Matrix{Float64}:
  2.0  -1.0   0.0   0.0  -1.0
 -1.0   2.0  -1.0   0.0   0.0
  0.0  -1.0   2.0  -1.0   0.0
  0.0   0.0  -1.0   2.0  -1.0
 -1.0   0.0   0.0  -1.0   2.0
```

プログラム 9-2 の 14 行目で変数を生成している。変数は $n \times n$ の行列であり，これには半正定値条件を課す。

15 行目では，目的関数を設定している。目的は最大化であるので，第 2 引数に `Max` を指定している。`LinearAlgebra.dot(L,X)` は行列 `L` と `X` の内積を求めるものである。

16 行目では，`X` の対角成分がすべて 1 であることを課している。行列 `X` の対角成分を要素とするベクトルを得るには `LinearAlgebra.diag(X)` を用いる。これにより

$$X[1,1],\quad X[2,2],\quad X[3,3],\quad X[4,4],\quad X[5,5]$$

を要素とするベクトルが得られる。そして，“.== 1” によってこのベクトルの各要素が1と等しくなることを課している。

17行目で最適化を実行し，18〜20行目で最適化の結果を表示する。20行目の round() は，引数で与えたものを digits で指定した桁まで丸めるものである。ここでは digits=2 としているので，value(X) は小数点以下2桁で表示される。

プログラム 9-2 の実行例を，**実行例 9.4** に示した。

実行例 9.4

```
------------------------------------------------------------------
SCS v3.2.0 - Splitting Conic Solver
 (c) Brendan O'Donoghue, Stanford University, 2012
------------------------------------------------------------------
problem:  variables n: 15, constraints m: 20
cones:    z: primal zero / dual free vars: 5
   s: psd vars: 15, ssize: 1
settings: eps_abs: 1.0e-04, eps_rel: 1.0e-04, eps_infeas: 1.0e-07
   alpha: 1.50, scale: 1.00e-01, adaptive_scale: 1
   max_iters: 100000, normalize: 1, rho_x: 1.00e-06
   acceleration_lookback: 10, acceleration_interval: 10
lin-sys:  sparse-direct
   nnz(A): 20, nnz(P): 0
------------------------------------------------------------------
iter | pri res | dua res |   gap    |   obj    |  scale   | time (s)
------------------------------------------------------------------
 0| 8.10e+00  4.37e-01  6.78e+01 -4.31e+01  1.00e-01  3.69e-05
25| 9.77e-05  3.18e-06  1.50e-04 -9.05e+00  1.00e-01  1.81e-04
------------------------------------------------------------------
status:  solved
timings: total: 2.97e-04s = setup: 1.04e-04s + solve: 1.93e-04s
  lin-sys: 9.59e-06s, cones: 1.12e-04s, accel: 1.02e-06s
------------------------------------------------------------------
objective = -9.045135
------------------------------------------------------------------
termination_status(maxcut_rel) = MathOptInterface.OPTIMAL
objective_value(maxcut_rel) = 9.045209702964899
[1.0 -0.81 0.31 0.31 -0.81; -0.81 1.0 -0.81 0.31 0.31;
 0.31 -0.81 1.0 -0.81 0.31; 0.31 0.31 -0.81 1.0 -0.81;
-0.81 0.31 0.31 -0.81 1.0]
```

この結果より，最適値として 9.045 が得られることがわかる。これは，半正定値最適化緩和の最適値であるから，元の最大カット問題の最適値は 9.045 以下であることがわかる。このようにして得られた最適解 $\boldsymbol{X}^*$（X）を対話型実行環境で小数点以下 2 桁まで表示すると，**実行例 9.5** のようになる。

実行例 9.5

```
julia> round.(value(X), digits=2)
5 × 5 Matrix{Float64}:
  1.0   -0.81   0.31   0.31  -0.81
 -0.81   1.0   -0.81   0.31   0.31
  0.31  -0.81   1.0   -0.81   0.31
  0.31   0.31  -0.81   1.0   -0.81
 -0.81   0.31   0.31  -0.81   1.0
```

また，最適解の階数を rank(value(X)) で確認すると，5 が得られる。

階数の確認

```
julia> rank(value(X))
5
```

この行列の階数が 1 であれば $\boldsymbol{X}^* = \boldsymbol{x}\boldsymbol{x}^\top$ となるベクトル $\boldsymbol{x}$ が最大カット問題の解になるが，そのようにはなっていない。そこで，この半正定値最適化緩和の最適解 $\boldsymbol{X}^*$ から，元の最大カット問題の最適解の近似解を求める方法を述べる。

まず，最適解 $\boldsymbol{X}^*$ を分解し，$X^*_{ij} = \boldsymbol{v}_i^\top \boldsymbol{v}_j$ と表すことができる n 本のベクトル $\boldsymbol{v}_1, \boldsymbol{v}_2, \cdots, \boldsymbol{v}_n \in \mathbb{R}^d$ を求める。ここで，d は $\boldsymbol{X}^*$ の階数である。

さて，そもそもの最大カット問題の変数 x_i は 1 か -1 をとる変数であったことを思い出す（**図 9.3**）。1 と -1 は，$\mathbb{R}^1$ の 2 つの単位ベクトルとみることができる。

図 9.3　$\mathbb{R}^1$ の 2 つの単位ベクトル

$x_i = 1$ かつ $x_j = 1$ であれば，i と j はともに L に属する。これは，i に対応する単位ベクトル x_i と j に対応する単位ベクトル x_j が同じ方向を向いているということである。

ここで，点 i に対応する単位ベクトルを $\mathbb{R}^1$ のものにこだわらず，$\mathbb{R}^d$ のものに緩めることを考える。そして，点 i に対応するベクトル $\boldsymbol{v}_i \in \mathbb{R}^d$ と点 j に対応するベクトル $\boldsymbol{v}_j \in \mathbb{R}^d$ が同じ方向を向いていたら，点 i と j は同じ集合 L または R に属するとみなすことにする。

さて，$X_{ii} = 1$ であることを思い出すと，$X_{ii} = \boldsymbol{v}_i^\top \boldsymbol{v}_i = \|\boldsymbol{v}_i\| = 1$ より，各ベクトル $\boldsymbol{v}_i$ は単位ベクトル（長さ 1 のベクトル）であることがわかる。つまり，ここでやろうとしていることは，各点 i に $\mathbb{R}^d$ 内の単位ベクトル $\boldsymbol{v}_i$ を対応づけるということである。

では，ベクトル $\boldsymbol{v}_1, \boldsymbol{v}_2, \cdots, \boldsymbol{v}_n$ はどのように求めるとよいだろうか。ここでは，半正定値最適化緩和の最適解 $\boldsymbol{X}^*$ の**特異値分解**を用いて求めることとする[15)]。いま，行列 $\boldsymbol{X}^*$ は $n \times n$ の対称行列であるので，その特異値分解は行列 $\boldsymbol{X}^*$ を

$$\boldsymbol{X}^* = \boldsymbol{U}\boldsymbol{D}^2\boldsymbol{U}^\top = (\boldsymbol{U}\boldsymbol{D})(\boldsymbol{U}\boldsymbol{D})^\top \tag{9.10}$$

と分解するものである。ここで，$\boldsymbol{U}$，$\boldsymbol{D}$ はともに $n \times n$ の行列で，特に $\boldsymbol{D}$ は対角行列である。$\boldsymbol{Q} = (\boldsymbol{U}\boldsymbol{D})^\top$ と表すと，$\boldsymbol{X}^* = \boldsymbol{Q}^\top \boldsymbol{Q}$ となる。この行列 $\boldsymbol{Q}$ の第 i 列を $\boldsymbol{q}_i$ とすると，$\boldsymbol{X}^*$ の (i, j) 成分は $\boldsymbol{q}_i^\top \boldsymbol{q}_j$ で表される。そこで，この $\boldsymbol{q}_i$ を点 i に対応づけるベクトル $\boldsymbol{v}_i$ として採用することにする。

JuMP では，LinearAlgebra パッケージの関数 svd() によって特異値分解を実行することができる。

特異値分解

```
F = LinearAlgebra.svd(value(X))
```

返り値 F はフィールドとして F.U，F.S，F.Vt をもつ。特異値分解 (9.10) の行列 $\boldsymbol{U}$ に対応するものが F.U であり，$\boldsymbol{D}$ に対応するものが F.S の各要素の平方根を対角成分とする対角行列 LinearAlgebra.Diagonal(sqrt.(F.S)) である。この問題例では $\boldsymbol{X}^*$ は 5×5 であるから，F.U と F.Vt は 5×5 の行列であり，F.S は 5 次元のベクトルである。この F を用いると

```
F.U*LinearAlgebra.Diagonal(F.S)*F.Vt
```

によって value(X) が復元できる。ここで，LinearAlgebra.Diagonal(F.S) は，ベクトル F.S を対角成分とする対角行列を表す。

さらに，D=LinearAlgebra.Diagonal(sqrt.(F.S))，Q=(F.U*D)' によって行列 Q を定義すると，Q'*Q によって行列 X を近似することができる。ここで，sqrt.(F.S) は F.S の各要素の平方根を成分とするベクトルを表す。

つぎのプログラムは，半正定値最適化緩和の最適解 value(X) を特異値分解して Q を求め，X と Q'*Q との差を確認するプログラムである。

特異値分解により行列 $\boldsymbol{Q}$ を求める

```
F = LinearAlgebra.svd(value(X));
D = LinearAlgebra.Diagonal(sqrt.(F.S));
Q = (F.U*D)';
println(LinearAlgebra.norm(Q'*Q-value(X)));
```

このプログラムを実行すると，Q'*Q と value(X) の差のノルムとして 0.0004 が得られる。完全に 0 にはならないが，Q'*Q が value(X) の十分によい近似になっていることが確認できる。このようにして，$\boldsymbol{X} \approx \boldsymbol{Q}^\top \boldsymbol{Q}$ となる行列 $\boldsymbol{Q}$ が得られた。この行列 $\boldsymbol{Q}$ の第 i 列 $\boldsymbol{q}_i$ を，点 i に対応するベクトル $\boldsymbol{v}_i$ とする。

このようにして，各点 i に対応するベクトル $\boldsymbol{v}_i$ が得られた。あとは，これらのベクトル $\boldsymbol{v}_i$ $(i = 1, 2, \cdots, n)$ を向きによって 2 つの集合 L と R に分ければよい。

行列 $\boldsymbol{X}$ の (i, j) 成分 X_{ij} は $X_{ij} = \boldsymbol{v}_i^\top \boldsymbol{v}_j$ と表される。$\boldsymbol{v}_i$ と $\boldsymbol{v}_j$ とのなす角を θ とすると，$\boldsymbol{v}_i^\top \boldsymbol{v}_j = \|\boldsymbol{v}_i\| \|\boldsymbol{v}_j\| \cos\theta = \cos\theta$ となる。つまり，角 θ が 0 に近ければ X_{ij} は 1 に近くなり，π に近ければ -1 に近くなる。

ベクトルを 2 つの集合に分けるために，ランダムな単位ベクトル $\boldsymbol{r}$ を用いる。この $\boldsymbol{r}$ とのなす角が $\pi/2$ より小さいベクトルを，集合 L の要素とする (**図 9.4**)。そうでないベクトルは，R の要素とする。

この方法でベクトル $\boldsymbol{v}_i$ $(i = 1, 2, \cdots, n)$ を 2 つの集合に分割するプログラムが，**プログラム 9-3** である。

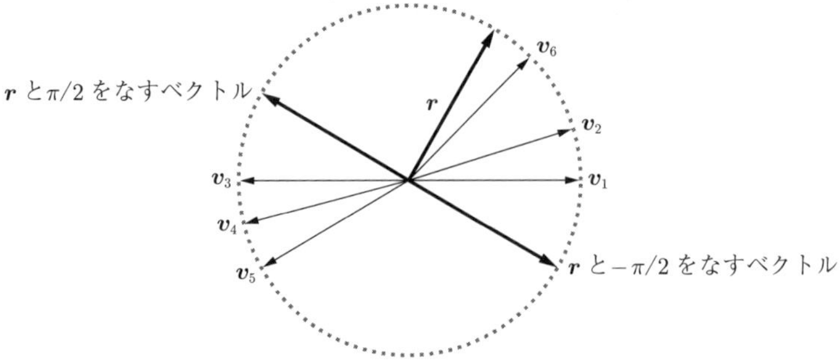

図 9.4 $\mathbb{R}^2$ の単位ベクトル（ランダムなベクトル $\boldsymbol{r}$ によって $L=\{1,2,6\}$ と $R=\{3,4,5\}$ に分ける）

プログラム 9-3（ランダムなベクトル $\boldsymbol{r}$ を用いた分割）

```
1  r = rand(size(Q,1));
2  r /= LinearAlgebra.norm(r);
3  cut = ones(n);
4  for i in 1:n
5      if LinearAlgebra.dot(r,Q[:,i]) <= 0
6          cut[i] = -1;
7      end
8  end
9  println("cut:",cut)
```

1 行目で，行列 `Q` の行数と等しい数の要素をもつランダムなベクトル `r` を生成し，2 行目で，このベクトル `r` をスケーリングして単位ベクトルにする。このプログラムでは，ベクトル `cut` により各点が L と R のどちらに属するかを表す。`cut[i]` と `cut[j]` がともに 1 または -1 であれば，点 `i` と `j` は同じ集合に属し，片方が 1 でもう片方が -1 であれば，異なる集合に属することを表す。

3 行目では，このベクトル `cut` の要素をいったんすべて 1 に設定する。4〜8 行目では，ベクトル `r` と $\pi/2$ 度以上の角度をなすベクトル $\boldsymbol{v}_i$（=`Q[:,i]`）に対して，`cut[i]` を -1 に設定している。なす角が $\pi/2$ 度以上か否かは，5 行目において内積が 0 以下か否かで判定している。

プログラム 9-3 を実行すると，つぎの**実行例 9.6** が得られる。

実行例 9.6

```
cut:[1.0, -1.0, 1.0, -1.0, 1.0]
```

以上から，5 つの点は $L = \{1,3,5\}$ と $R = \{2,4\}$ に分割されることがわかる。この例題では，すべての枝のコスト c_{ij} は 1 であるから，目的関数

$$\frac{1}{2}(1 - x_1x_2 + 1 - x_2x_3 + 1 - x_3x_4 + 1 - x_4x_5 + 1 - x_5x_1)$$

に $x_1 = x_3 = x_5 = 1$，$x_2 = x_4 = -1$ を代入することで，その値は 4 であることがわかる。これは，すでにわかっているこの最大カット問題の最適値 4 に一致する。このように，半正定値最適化緩和の最適解からランダムなベクトルを用いてカットを求める方法で，最適解を得ることができた。

もちろんこの方法は，どのような問題例に対しても最適解を求めることができるわけではない。一方で，この方法で得る近似解の目的関数の期待値は，最大カット問題の最適値の 0.878 倍よりも大きいことがわかっている。

ここまで述べたプログラムをまとめたものを，**プログラム 9-4** に示す。

プログラム 9-4（最大カット問題の近似解を得るプログラム）

```
using JuMP, SCS
using LinearAlgebra
using Random

n = 5;
c = [
  0  1  0  0  1;
  1  0  1  0  0;
  0  1  0  1  0;
  0  0  1  0  1;
  1  0  0  1  0;
]
L = LinearAlgebra.diagm(c*ones(n)) - c;
maxcut = Model(SCS.Optimizer);
@variable(maxcut, X[i = 1:n, j = 1:n], PSD);
@objective(maxcut, Max, 1/2*LinearAlgebra.dot(L, X));
@constraint(maxcut, LinearAlgebra.diag(X) .== 1);
set_silent(maxcut);
optimize!(maxcut);
@show termination_status(maxcut);
```

```
@show objective_value(maxcut);

Random.seed!(3);
F = LinearAlgebra.svd( value(X) );
D = LinearAlgebra.Diagonal( sqrt.(F.S) );
Q = (F.U*D)';
r = rand(size(Q,1));
r /= LinearAlgebra.norm(r);
cut = ones(n);
for i in 1:n
   if LinearAlgebra.dot(r, Q[:,i]) <= 0
      cut[i] = -1;
   end
end
println("cut: ", cut);
```

プログラム 9-4 を実行すると，**実行例 9.7** を得る。

実行例 9.7

```
termination_status(maxcut) = MathOptInterface.OPTIMAL
objective_value(maxcut) = 9.045209702964899
cut:[1.0, -1.0, 1.0, -1.0, 1.0]
```

プログラム 9-4 では，5 つの点からなるグラフ上の最大カット問題を扱った。つぎに，もう少し大きなグラフ上の最大カット問題の例を扱う。

ここでは，ランダムに生成したより大きなグラフの最大カット問題を扱う。点数が n のグラフを，$n \times n$ の重み行列を定めることで生成する。**プログラム 9-5** は，これを実現するものである。

プログラム 9-5（ランダムなグラフの生成）

```
n = 50;
c = spzeros(n, n);
for i in 1:(n-1)
    tnz = max(Int(trunc((n-i)/2.0)), 1);
    for j in rand((i+1):n, tnz), v in rand(1:10, tnz)
         c[i,j] = v;
    end
end
c = c + c';
```

このプログラムでは，重み行列の各行について，その非ゼロ要素を設定する方法をとっている。

2行目で，すべての成分が0の n × n の疎行列 c を定めている。この行列 c に非ゼロ成分を上書きすることで，重み行列を定める。

3行目の for 文では，1〜n−1 行目までの各行 i に対して処理を繰り返すことを指示している。ここで，c は対称行列であるので，非ゼロ成分を設定するのは上三角の部分，すなわち i < j であるような c[i,j] のみであることに注意する。このとき，第 n 行については上三角部分がないので，n 行目まででではなく，n−1 行目までの反復としている。

4行目では，i 行目に設定する非ゼロ成分の数を tnz として定めている。設定する非ゼロ成分の数は，この行の上三角部分の要素数のおよそ半分程度（(n−i)/2.0）とした。Int(trunc((n−i)/2.0)) は，(n−i)/2.0 を整数に丸めたものを Int 型の変数とすることを表している。

5行目の for 文では，非ゼロ成分を設定する列番号 j と，設定する重み v を指定している。rand((i+1):n, tnz) は，i+1〜n までの範囲でランダムに選んだ tnz 個の整数を要素とするベクトルを表す。このベクトルの各要素を j の値とする。rand(1:10, tnz) は，1以上10以下の整数からランダムに取り出した tnz 個の整数を要素とするベクトルである。これを重み v とする。6行目では，この重み v を実際に c[i,j] に設定している。

9行目は，8行目までで設定した c と，その転置行列 c' の和を改めて c とするものである。これで，上三角の部分がその対称成分にコピーされ，c[i,j] と c[j,i] が等しい行列 c が得られる。このプログラム 9-5 で得られた c を，プログラム 9-4 の 6〜12 行目で設定する c に置き換えればよい。

つぎの**プログラム 9-6** は，半正定値最適化緩和によって得られた解がどの程度よいものかを画面に表示するものである。ただし，maxcut_rel は，プログラム 9-2 で最適解を求めた問題を表す。

プログラム 9-6（半正定値最適化緩和の結果の表示）

```
I, J, V = findnz(c);
sdpI = round(objective_value(maxcut_rel); digits=4);
feasI = (1/2)*sum(c[i,j]*(1 - cut[i]*cut[j]) for (i,j) in zip(I,J));
```

```
feasI = round(feasI; digits = 4);
alpha = round(feasI/sdpI; digits=4);
println("sdpI:$sdpI, feasI:$feasI");
println("feasI は最適値 optI の $(alpha) 倍以上");
```

このプログラムでは，sdpI は半正定値最適化緩和の最適値を表し，feasI はランダムなベクトルを用いて得られた近似解の目的関数値を表す。

最大カット問題の真の最適値を optI と表すと，sdpI と optI との間には $\texttt{optI} \leqq \texttt{sdpI}$ という関係が成り立つ。さらに，$\texttt{feasI} \leqq \texttt{optI}$ という関係も成り立つ。したがって，$\texttt{feasI} \leqq \texttt{optI} \leqq \texttt{sdpI}$ という関係が成り立つ。得られた feasI がどのくらいよいかの目安として，feasI/optI を用いることができる。これが 1 に近いほど，feasI はよい近似値であるといえる。ここで optI はわからないので，代わりに feasI/sdpI を用いることにする。

$$\frac{\texttt{feasI}}{\texttt{sdpI}} \leqq \frac{\texttt{feasI}}{\texttt{optI}}$$

という関係が成り立つので，左辺の値を α とすると

$$\alpha \cdot \texttt{optI} \leqq \texttt{feasI}$$

が成り立つ。feasI と sdpI の値はわかっているので，α の値は計算できる。この値によって，feasI がどのくらい optI に近いかを評価することにする。例えば，$\texttt{feasI} = 190$，$\texttt{sdpI} = 200$ であれば，$\alpha = 190/200 = 0.95$ である。このとき，$0.95 \cdot \texttt{optI} \leqq \texttt{feasI}$ となるが，これは，近似値 feasI は最適値 optI の 0.95 倍よりも大きいということを示している。このときの α の値を計算して表示したのが，プログラム 9-6 である。

プログラム 9-4 の 6〜12 行目をプログラム 9-5 で置き換え，n = 200 に設定して実行すると，**実行例 9.8** を得る。

実行例 9.8

```
sdpI:51902.5021, feasI:49544.0
feasI は最適値 optI の 0.9546 倍以上
```

このように，近似値 feasI は最適値 optI の 0.9546 倍以上であり，よいものであることがわかる。

表 9.1 に，点数 n をさまざまな値に設定したときの実行結果を示した。n の値が大きくなるにつれて計算時間が長くなる。また，$\alpha =$ feasI/sdpI はいずれの場合も 0.94 以上で，feasI としてよい値が得られていることがわかる。

表 9.1 半正定値最適化緩和による最大カット問題の求解結果

点数 n	50	100	200	300	400	500
feasI/sdpI	0.948	0.9501	0.9469	0.9541	0.9668	0.9634
実行時間（秒）	0.349	3.816	50.982	214.856	569.550	1095.955

9.2 データ分類問題

n 次元ユークリッド空間 $\mathbb{R}^n$ 内に，2 つの点集合

$$A = \{\boldsymbol{x}_1, \boldsymbol{x}_2, \cdots, \boldsymbol{x}_N\}, \quad B = \{\boldsymbol{y}_1, \boldsymbol{y}_2, \cdots, \boldsymbol{y}_M\} \tag{9.11}$$

が与えられたとする。このとき，関数 $f : \mathbb{R}^n \to \mathbb{R}$ で，条件 (9.12) を満たすものを求めたい。

$$\begin{cases} f(\boldsymbol{x}_i) > 0 & (i = 1, 2, \cdots, N) \\ f(\boldsymbol{y}_i) < 0 & (i = 1, 2, \cdots, M) \end{cases} \tag{9.12}$$

関数 f が条件 (9.12) を満たすとき，f はこれら 2 つの点集合 A，B を分類するという[5)]。

9.2.1 線 形 分 類

条件 (9.12) において，関数 $f(\boldsymbol{x})$ をアフィン関数 $f(\boldsymbol{x}) = \boldsymbol{a}^\top \boldsymbol{x} - b$ に限るとき，この分類を線形分類問題とよぶ。

$$\begin{cases} \boldsymbol{a}^\top \boldsymbol{x}_i - b > 0 & (i = 1, 2, \cdots, N) \\ \boldsymbol{a}^\top \boldsymbol{y}_i - b < 0 & (i = 1, 2, \cdots, M) \end{cases} \tag{9.13}$$

ここでは，$\boldsymbol{x}_i$，$\boldsymbol{y}_i$ がデータであり，決定変数は $\boldsymbol{a}$，b であることに注意する。不等式 (9.13) は斉次である，すなわち，$\boldsymbol{a}$ と b をそれぞれ k 倍にしても同値な不等式になるため，式 (9.13) を満たす $\boldsymbol{a}$，b が存在することと，式 (9.14) を満たす $\boldsymbol{a}$，b が存在することとは同値である。

$$\begin{cases} \boldsymbol{a}^\top \boldsymbol{x}_i - b \geqq 1 & (i = 1, 2, \cdots, N) \\ \boldsymbol{a}^\top \boldsymbol{y}_i - b \leqq -1 & (i = 1, 2, \cdots, M) \end{cases} \tag{9.14}$$

制約式 (9.14) を満たす $\boldsymbol{a}$ と b が存在しない場合は，分類を誤る点数を最小にする $\boldsymbol{a}$ と b を求める問題を考えるとよい。このために，制約式 (9.14) を制約式 (9.15) に置き換えることで緩和する。

$$\begin{cases} \boldsymbol{a}^\top \boldsymbol{x}_i - b \geqq 1 - u_i & (i = 1, 2, \cdots, N) \\ \boldsymbol{a}^\top \boldsymbol{y}_i - b \leqq -(1 - v_i) & (i = 1, 2, \cdots, M) \end{cases} \tag{9.15}$$

すべての u_i と v_i が 0 であれば，制約式 (9.15) は制約式 (9.14) に一致する。したがって，u_i の値は制約 $\boldsymbol{a}^\top \boldsymbol{x}_i - b \geqq 1$ が，v_i の値は制約 $\boldsymbol{a}^\top \boldsymbol{y}_i - b \leqq -1$ が満たされない度合いと考えられる。そこで，u_i，v_i ができるだけ多く 0 になるような $\boldsymbol{a}$ と b を求めることにする。これは，線形最適化問題 (9.16) を解くことで実現される。

$$\begin{cases} \text{最小化} & : \boldsymbol{1}^\top \boldsymbol{u} + \boldsymbol{1}^\top \boldsymbol{v} \\ \text{制約条件} & : \boldsymbol{a}^\top \boldsymbol{x}_i - b \geqq 1 - u_i \qquad (i = 1, 2, \cdots, N) \\ & \quad \boldsymbol{a}^\top \boldsymbol{y}_i - b \leqq -(1 - v_i) \qquad (i = 1, 2, \cdots, M) \\ & \quad \boldsymbol{u} \geqq \boldsymbol{0},\ \boldsymbol{v} \geqq \boldsymbol{0} \\ & \quad \boldsymbol{u} \in \mathbb{R}^M, \quad \boldsymbol{v} \in \mathbb{R}^N \end{cases} \tag{9.16}$$

分類問題で用いる $\mathbb{R}^2$ 内の点データを擬似乱数で生成し，プロットするものが**プログラム 9-7** であり，その結果得られるのが**図 9.5** である。

プログラム 9-7（2つの点集合）

```
using Random, Plots

N, M = 100, 150;
Random.seed!(3);

X = zeros(N, 2);
X[:, 1] = rand(10:0.2:25, N);
X[:, 2] = rand(20:0.2:40, N);
Y = zeros(M, 2);
Y[:, 1] = rand(20:0.2:40, M);
Y[:, 2] = rand(10:0.2:30, M);

plt = Plots.plot();
Plots.scatter!(plt, X[:, 1], X[:, 2], xlim = (0,50), ylim = (0,50),
    label = "X", markershape = :square, markercolor = :white );
Plots.scatter!(plt, Y[:, 1], Y[:, 2], xlim = (0,50), ylim = (0,50),
    label = "Y", markershape = :circle, markercolor = :black );
```

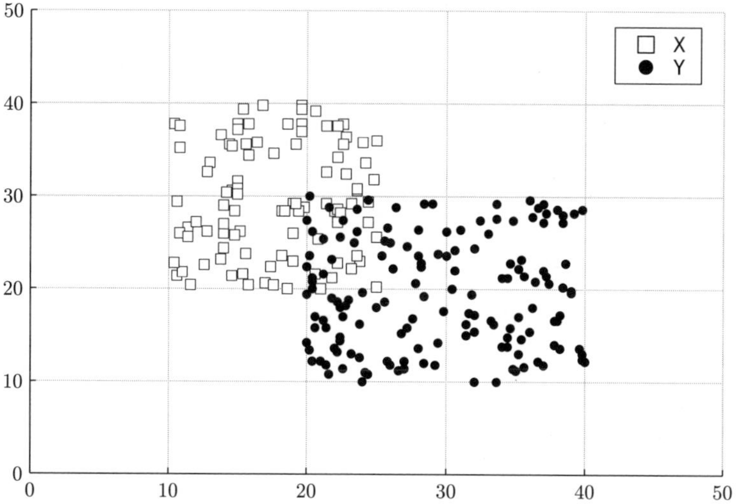

図 9.5　分類するデータ

プログラム 9-7 の方法で生成した点データに対して，線形最適化問題 (9.16) により分類を行い，得られた結果をプロットした図を PDF ファイルとして保存するものが，**プログラム 9-8** である。

プログラム **9-8**（線形分類を実行するプログラム）

```
using Random
using Plots
using JuMP, HiGHS

n = 2;
N, M = 100, 150;
Random.seed!(3);

X = zeros(N, 2);
X[:,1] = rand(10:0.2:25, N);
X[:,2] = rand(20:0.2:40, N);
Y = zeros(M, 2);
Y[:,1] = rand(20:0.2:40, M);
Y[:,2] = rand(10:0.2:30, M);

model = Model(HiGHS.Optimizer);
@variable(model, a[1:n]);
@variable(model, b);
@variable(model, u[1:N] >= 0);
@variable(model, v[1:M] >= 0);
@objective(model, Min, ones(N)'*u + ones(M)'*v);
@constraint(model, [i in 1:N], a'*X[i,:] - b >= 1 - u[i] );
@constraint(model, [i in 1:M], a'*Y[i,:] - b <= - (1 - v[i]) );
optimize!(model);
@show termination_status(model);
@show objective_value(model);

plt = Plots.plot();
Plots.scatter!(plt, X[:,1], X[:,2], xlim = (0,50), ylim = (0,50),
    label = "X", markershape = :square, markercolor = :white);
Plots.scatter!(plt, Y[:,1], Y[:,2], xlim = (0,50), ylim = (0,50),
    label = "Y", markershape = :circle, markercolor = :black);
x1 = 0:0.1:50;
x2 = -value(a[1])*x1 / value(a[2]) + value(b)*ones(length(x1));
Plots.plot!(x1, x2, label = "Separator" , style = :solid);
savefig(plt,"svlinear-res.pdf");
```

また，プログラム 9-8 で得られた最適解 $\boldsymbol{a}$ と b による直線を Separator として図 **9.6** に示した。

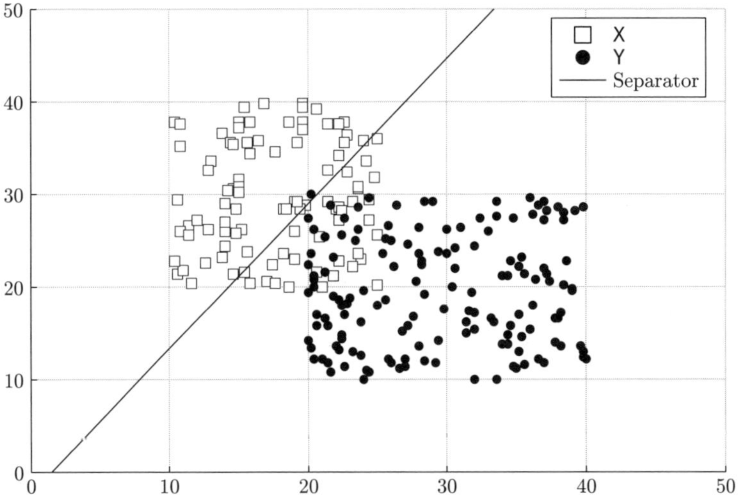

図 **9.6**　線形分類の結果

9.2.2　2 次関数による分類

分類に用いる関数 f を，2 次関数 (9.17) とする。

$$f(\boldsymbol{x}) \;=\; \boldsymbol{x}^\top \boldsymbol{P}\boldsymbol{x} + \boldsymbol{q}^\top \boldsymbol{x} + r \tag{9.17}$$

ここで，パラメータ $\boldsymbol{P} \in \mathcal{S}^n$，$\boldsymbol{q} \in \mathbb{R}^n$，$r \in \mathbb{R}$ を制約式 (9.18) を満たすように定めたい。

$$\begin{cases} \boldsymbol{x}_i^\top \boldsymbol{P}\boldsymbol{x}_i + \boldsymbol{q}^\top \boldsymbol{x}_i + r > 0 & (i = 1, 2, \cdots, N) \\ \boldsymbol{y}_i^\top \boldsymbol{P}\boldsymbol{y}_i + \boldsymbol{q}^\top \boldsymbol{y}_i + r < 0 & (i = 1, 2, \cdots, M) \end{cases} \tag{9.18}$$

線形分類のときと同じように，制約式 (9.18) は $\boldsymbol{P}$，$\boldsymbol{q}$，r について斉次である。すなわち $\boldsymbol{P}$，$\boldsymbol{q}$，r を $k\boldsymbol{P}$，$k\boldsymbol{q}$，kr に置き換えても等価である。したがって，制約式 (9.18) を満たす $\boldsymbol{P}$，$\boldsymbol{q}$，r は，制約式 (9.19) を満たす $\boldsymbol{P}$，$\boldsymbol{q}$，r としても得られる。

$$\begin{cases} \boldsymbol{x}_i^\top \boldsymbol{P}\boldsymbol{x}_i + \boldsymbol{q}^\top \boldsymbol{x}_i + r \geqq 1 & (i = 1, 2, \cdots, N) \\ \boldsymbol{y}_i^\top \boldsymbol{P}\boldsymbol{y}_i + \boldsymbol{q}^\top \boldsymbol{y}_i + r \leqq -1 & (i = 1, 2, \cdots, M) \end{cases} \tag{9.19}$$

$\boldsymbol{P}$，$\boldsymbol{q}$，r にさらに制約を加えることによって，分類に用いる 2 次関数を絞り込むことができる。ここでは，関数 $f(\boldsymbol{x}) < 0$ が楕円を表すように行列 $\boldsymbol{P}$ に半負定値条件 (9.20) を課す。

$$\boldsymbol{P} \preceq \boldsymbol{O} \tag{9.20}$$

この条件 (9.20) を満たす行列 $\boldsymbol{P}$ と $\boldsymbol{q}$，r によって楕円が定められる。これで，2 次関数を用いた分類問題は，$\boldsymbol{x}_1, \boldsymbol{x}_2, \cdots, \boldsymbol{x}_N$ をその内部に含み，$\boldsymbol{y}_1, \boldsymbol{y}_2, \cdots, \boldsymbol{y}_M$ は含まないような楕円を見つける問題となる。

この問題は，半正定値最適化問題 (9.21) として定式化される。

$$\begin{cases} \text{目的関数：なし} \\ \text{制約条件：} \boldsymbol{x}_i^\top \boldsymbol{P}\boldsymbol{x}_i + \boldsymbol{q}^\top \boldsymbol{x}_i + r \geqq 1 & (i = 1, 2, \cdots, N) \\ \qquad\qquad\quad \boldsymbol{y}_i^\top \boldsymbol{P}\boldsymbol{y}_i + \boldsymbol{q}^\top \boldsymbol{y}_i + r \leqq -1 & (i = 1, 2, \cdots, M) \\ \qquad\qquad\quad \boldsymbol{P} \preceq -\boldsymbol{I} \end{cases} \tag{9.21}$$

この問題は，制約条件を満たす変数 $\boldsymbol{P}$，$\boldsymbol{q}$，r を見つけることが目的なので，目的関数は設定しない。このような数理最適化問題を，実行可能性問題とよぶことがある。

楕円で分類する 2 つのデータ集合を生成し，図示するのが**プログラム 9-9** である。これを**図 9.7** に図示する。

プログラム 9-9（楕円で分類する 2 つのデータ集合の生成）

```
using Random
N = length(-2*pi:0.1:2*pi);
M = length(-2*pi:0.1:2*pi);
X = zeros(N,2);
X[:, 1] = [rand(0.1:0.1:1.5)*cos(i) for i in -2*pi:0.1:2*pi];
X[:, 2] = [rand(0.1:0.1:1.5)*sin(i) for i in -2*pi:0.1:2*pi];
Y = zeros(M,2);
Y[:, 1] = [rand(2.5:0.1:4.5)*cos(i) for i in -2*pi:0.1:2*pi]
```

```
Y[:, 2] = [rand(2.5:0.1:4)*sin(i) for i in -2*pi:0.1:2*pi]

plt=Plots.plot();
Plots.scatter!(plt, X[:,1], X[:,2], color=:black,
    markershape=:circle, label="X", xlim=(-6,6), ylim=(-6,6));
Plots.scatter!(plt, Y[:,1], Y[:,2], color=:white,
    markershape=:square, label="Y", xlim=(-6,6), ylim=(-6,6));
savefig(plt,"XYec.pdf")
```

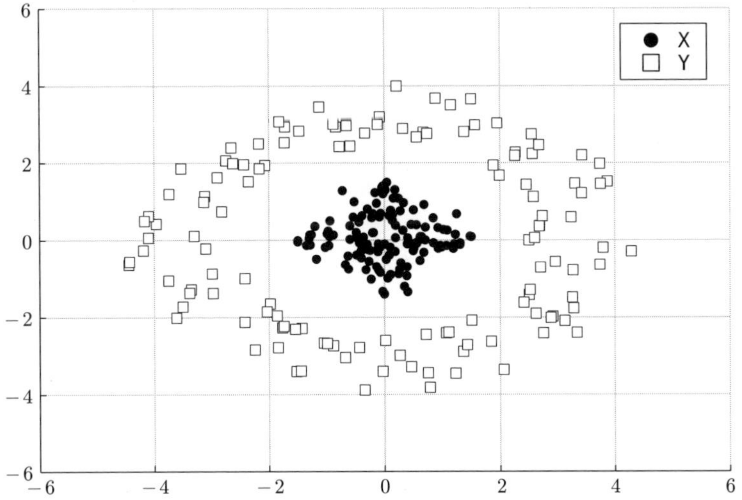

図 9.7　楕円で分類する 2 つのデータ集合

X[i,1] は $\boldsymbol{x}_i$ の x 座標を，X[i,2] は $\boldsymbol{x}_i$ の y 座標を表す。また，Y[i,1] は $\boldsymbol{y}_i$ の x 座標を，Y[i,2] は $\boldsymbol{y}_i$ の y 座標を表す。

こうして生成した 2 つのデータ集合を半正定値最適化問題 (9.21) で分類するプログラムが，**プログラム 9-10** である。

プログラム 9-10（半正定値最適化問題による分類）

```
using JuMP, HiGHS

n = 2;
classifier = Model(SCS.Optimizer);
@variable(classifier, P[1:n, 1:n]);
```

```
6  @variable(classifier, q[1:n]);
7  @variable(classifier, r);
8  @constraint(classifier, -ones(n, n) - P in PSDCone());
9  @constraint(classifier, [i in 1:N],
10     X[i,:]'*P*X[i,:] + q'*X[i,:] + r >= 1);
11 @constraint(classifier, [i in 1:M],
12     Y[i,:]'*P*Y[i,:] + q'*Y[i,:] + r <= -1);
13 set_silent(classifier);
14 optimize!(classifier);
15 @show termination_status(classifier);
16 @show objective_value(classifier);
17
18 println("P:",round.(value.(P);digits=3));
19 println("q:",round.(value.(q);digits=3));
20 println("r:",round.(value(r);digits=3));
```

この定式化は実行可能解を見つけることが目的なので，`@objective()` を設定する行はないことに注意する。

3 行目では，$\boldsymbol{x}_i$ と $\boldsymbol{y}_i$ の次元数 `n` を 2 と指定し，5 行目では，$n \times n$ 行列である変数 `P` を生成している。

6 行目では，ベクトル変数 `q` を生成し，7 行目では，スカラー変数 `r` を生成している。

8 行目は，問題 (9.21) における $\boldsymbol{P} \preceq -\boldsymbol{I}$ に対応する制約を追加するものである。$\boldsymbol{P} \preceq -\boldsymbol{I}$ という制約は，$-\boldsymbol{I} - \boldsymbol{P} \succeq \boldsymbol{O}$ と同値である。そこで，この制約式をプログラムとして書き表している。

9，10 行目は，データ集合 $\boldsymbol{x}_i$ に関する制約を，11，12 行目は，データ集合 $\boldsymbol{y}_i$ に関する制約を定めている。

14 行目で最適化を実行し，15〜20 行目でその結果を表示している。

プログラム 9-10 を実行すると，**実行例 9.9** が得られる。

実行例 9.9

```
termination_status(classifier) = MathOptInterface.OPTIMAL
objective_value(classifier) = 0.0
P:[-394.486 -244.163; -244.163 -481.19]
q:[100.13, 150.42]
r:1182.361
```

termination_status(classifier) は OPTIMAL なので，データ集合 $\boldsymbol{x}_i$（$i = 1, 2, \cdots, N$）とデータ集合 $\boldsymbol{y}_i$（$i = 1, 2, \cdots, M$）とを分離する楕円が得られたことがわかる。こうして得られた $\boldsymbol{P}$，$\boldsymbol{q}$，r が表す楕円を示したものが，**図 9.8** である。

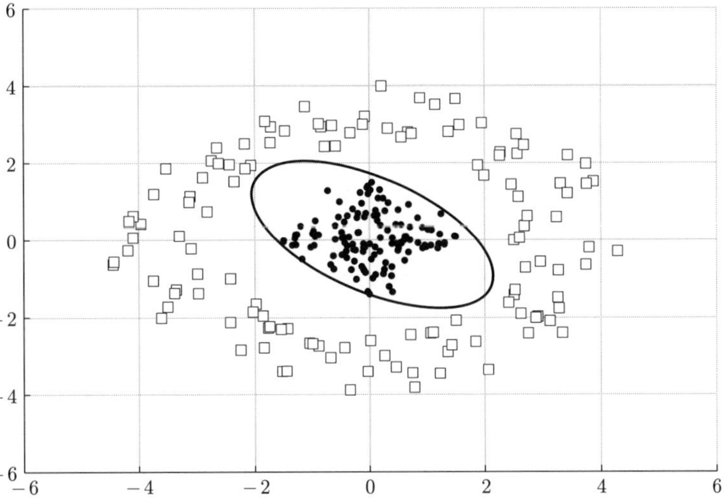

図 9.8　2 つのデータ集合を分類する楕円

こうして，半正定値最適化問題によって 2 つのデータ集合を分類する楕円が得られた。

半正定値最適化問題は，さまざまな分野の問題をモデル化することができる。半正定値最適化問題としてモデル化できる問題は，凸最適化の書籍[5)]に述べられている他，数理最適化関連の論文誌などで日々新たに報告されている。

引用・参考文献

1）Julia contributors：The Julia Programming Language
https://julialang.org（2022 年 8 月現在）

2）I. Dunning, J. Huchette, and M. Lubin：JuMP: A Modeling Language for Mathematical Optimization, SIAM Review, **59**, 2, pp.295–320 (2017)

3）S. Boyd and L. Vandenberghe：Introduction to Applied Linear Algebra—Vectors, Matrices, and Least Squares—, Cambridge University Press
https://web.stanford.edu/~boyd/vmls/（2022 年 8 月現在）

4）久野誉人，繁野麻衣子，後藤順哉：数理最適化，IT Text，オーム社 (2012)

5）S. Boyd and L. Vandenberghe：Convex Optimization, Cambridge University Press
https://web.stanford.edu/~boyd/cvxbook/（2022 年 8 月現在）

6）小島政和，土谷　隆，水野眞治，矢部　博：内点法，経営科学のニューフロンティア，朝倉書店 (2001)

7）久保幹雄，田村明久，松井知己 編：応用数理計画ハンドブック，16 運搬経路問題，朝倉書店 (2002)

8）久保幹雄，J.P. ペドロソ：メタヒューリスティックスの数理，共立出版 (2009)

9）柳浦睦憲，茨木俊秀：組合せ最適化—メタ戦略を中心として—，経営科学のニューフロンティア，朝倉書店 (2001)

10）田中健一：数理最適化入門（4）：施設配置の数理モデル（チュートリアル），

応用数理，**23**，4，pp.178–183 (2013)

11) A. Atamturk, A. Gomez, and S. Han: Sparse and Smooth Signal Estimation: Convexification of L_0 Formulations, Journal of Machine Learning Research, **22**, 1, pp.2370–2412 (2021)

12) O. Günlük and J. Linderoth, Perspective Reformulation and Applications, In: J. Lee and S. Leyffer (eds), Mixed Integer Nonlinear Programming, The IMA Volumes in Mathematics and its Applications, **154**, Springer (2012)

13) M. X. Goemans and D. P. Williamson：.878-Approximation Algorithms for MAX CUT and MAX 2SAT, Proceedings of the twenty sixth annual ACM Symposium on Theory of Computing, pp.422–431 (1994)

14) 松井知己：半正定値計画を用いた最大カット問題の .878 近似解法，オペレーションズ・リサーチ，**45**，3，pp.140–145 (2000)

15) ギルバート・ストラング 著，山口昌哉 監訳，井上　昭 訳：線形代数とその応用，産業図書 (1978)

索　引

—— 著 者 略 歴 ——

1998年　東京大学工学部計数工学科卒業
2000年　東京大学大学院工学系研究科修士課程修了（計数工学専攻）
2000年　日本アイ・ビー・エム株式会社勤務
2006年　東京工業大学大学院情報理工学研究科博士課程単位取得退学（数理・計算科学専攻）
2006年　海上技術安全研究所勤務
2009年　博士（理学）（東京工業大学）
2016年　東京理科大学講師
2019年　青山学院大学准教授
　　　　現在に至る

Juliaによる数理最適化
Mathematical Optimization with Julia

2023 年 5 月 1 日　初版第 1 刷発行　★

検印省略

著　者	小《こ》　林《ばやし》　和《かず》　博《ひろ》
発行者	株式会社　コロナ社
	代表者　牛来真也
印刷所	三美印刷株式会社
製本所	有限会社　愛千製本所

112–0011　東京都文京区千石 4–46–10
発行所　株式会社　**コロナ社**
CORONA PUBLISHING CO., LTD.
Tokyo Japan
振替 00140–8–14844・電話(03)3941–3131(代)
ホームページ　https://www.coronasha.co.jp

ISBN 978–4–339–02934–5　C3055　Printed in Japan　（谷口）